典型机械制造
工艺装备的设计研究

张荣 著

中国原子能出版社

图书在版编目(CIP)数据

典型机械制造工艺装备的设计研究 / 张荣著. -- 北京：中国原子能出版社，2019.5
ISBN 978-7-5022-9815-9

Ⅰ.①典… Ⅱ.①张… Ⅲ.①机械制造—工艺装备—设计—研究 Ⅳ.①TH16

中国版本图书馆 CIP 数据核字(2019)第 115258 号

内 容 简 介

机械制造技术是将原材料转变为产品的技术，是研究机械产品制造的加工原理、工艺过程和方法以及相应的加工机床、刀具、夹具的一门综合工程技术，是发展及应用现代先进制造技术的基础和前提，也是现代制造业赖以发展的关键基础技术。本书对典型机械制造工艺装备的设计进行了系统研究，主要内容包括：金属切削机床及主要部件设计、组合机床设计、机床夹具设计、金属切削刀具、工业机器人设计、机械制造物流系统设计、智能制造技术等。本书内容新颖，结构合理，注重理论与实践相结合，是一本值得学习研究的著作。

典型机械制造工艺装备的设计研究

出版发行　中国原子能出版社(北京市海淀区阜成路 43 号　100048)
责任编辑　刘东鹏
责任校对　冯莲凤
印　　刷　北京亚吉飞数码科技有限公司
经　　销　全国新华书店
开　　本　787mm×1092mm　1/16
印　　张　13
字　　数　233 千字
版　　次　2019 年 8 月第 1 版　2024 年 9 月第 2 次印刷
书　　号　ISBN 978-7-5022-9815-9　　定　价　62.00 元

网址：http://www.aep.com.cn　　E-mail：atomep123@126.com
发行电话：010-68452845　　版权所有　侵权必究

前　　言

　　机械制造技术是将原材料转变为产品的技术，是研究机械产品制造的加工原理、工艺过程和方法以及相应的加工机床、刀具、夹具的一门综合工程技术，是发展及应用现代先进制造技术的基础和前提，也是现代制造业赖以发展的关键基础技术。

　　机械制造工艺装备的设计包含了金属切削机床及主要部件设计、组合机床设计、机床夹具设计、金属切削刀具、工业机器人设计、机械制造物流系统设计等多个既各成体系又密切联系与相互渗透的领域，覆盖面广、综合性强，内容上也是既有理论研究又有实际应用，既重逻辑推理又有经验总结，其知识总量无论是在广度还是深度上均具有相当大的弹性和可裁减性。既要在内容上权衡取舍，又要充分考虑知识的完整性和学科自身的规律，是撰写本书的过程中始终贯彻的指导思想和基本原则。

　　本书内容充实全面且具备较高理论水平，主要包括机械制造工艺的基本概念、基本原理、基本方法和基本训练，同时又力求结构合理、文字精炼、深入浅出。本书具有以下特点：

　　（1）综合性。对机械加工工艺知识理论及技能需求进行了有机的处理，体现了多方位知识的相互交叉和融合。工艺实践知识方面，叙述详略有序，一类典型零件讲透一种，其余举一反三地讲特点；加工方法上讲清原理、工艺特点和应用，培养分析能力。

　　（2）实用性。本书所涵盖的知识具有很高的实际应用性，同时又与职业技能鉴定紧密结合。

　　（3）先进性。本书更多地吸纳了当前新知识、新技术、新工艺的内容，把自动化制造系统和智能制造装备技术并入现代制造技术中，内容面向 21 世纪制造业，树立生产制造系统的观点和反映现代制造技术的新成就和动向，使本书具有先进性。

　　本书共分 8 章，在结构上尽可能地做到紧凑和精炼；在内容上把握了基础理论"以必需和够用为度"，注重实例分析和应用技巧的介绍；在表达形式上尽可能地简化推导过程，侧重方法分析和结论引用，同时配有大量图表，有助于读者的理解。第 1 章为机械制造工艺装备设计综述，第 2 章介绍金属切削机床及主要部件设计,第 3 章介绍组合机床设计,第 4 章介绍机床夹具设计,第 5 章介绍金属切削刀具,第 6 章介绍工业机器人设计,第 7 章介绍机械制造物流系统设计,第 8 章介绍智能制造技术。

作者在多年研究的基础上,广泛吸收了国内外学者在机械制造工艺装备设计方面的研究成果,在此向相关内容的原作者表示诚挚的敬意和谢意。

由于作者水平有限,加之时间仓促,错误和遗漏在所难免,恳请读者批评指正。

作 者
2018 年 11 月

目　　录

第1章 机械制造工艺装备设计综述

　　制造业是国民经济的支柱产业,是制造生产资料和生活资料的主要部门,是一个国家经济发展、社会进步和人民生活水平提高的基本保证,无论在工业经济时代还是在信息技术时代,制造业都是国民经济的基础。而机械制造业是制造业的核心,其机械制造装备又是机械制造业的基础,直接为机械制造业提供生产用装备;同时间接为非机械制造业提供生产用机械设备,因此机械制造装备是机械制造业乃至整个制造业发展的基础,机械制造装备的发展水平是一个国家工业水平的重要标志。

1.1　机械制造业的地位、作用及发展

　　机械制造业是我国第一大工业部门,素有"工业心脏"之称。进入21世纪以来,我国机械制造业得到了快速发展。据统计资料表明,2000年我国机械工业总产值仅为1.44万亿元,至2005年达4.18万亿元,2010年达14.38万亿元,2015年机械工业总产值为28.50万亿元,为2000年的20倍,年均复合增长率达到25%。现在,我国机械工业的销售额超过了德国、日本和美国,跃居世界第一,成为全球第一的机械制造大国。

　　步入21世纪以来,全球制造业的发展速度越来越快,制造业正朝着制造全球化、制造敏捷化、制造网络化、制造虚拟化、制造智能化和制造绿色化等方向发展。

1.1.1　制造全球化

　　近年来,由于Internet/Intranet技术和交通手段的飞速发展,制造全球化的研究和应用得以迅速发展,其前沿内容主要有如下几方面。

　　①市场的国际化,产品销售的全球网络化。

　　②产品设计和开发的国际合作。

　　③制造企业在世界范围内的重组与集成,如动态联盟。

④制造资源的跨地区、跨国家的协调、共享和优化利用。

⑤制造全球化的体系结构。

1.1.2 制造敏捷化

制造敏捷化是面向制造环境和制造过程的一种制造模式,其研究内容主要有以下方面。

①柔性,包括机器、流程、人、组织的运行柔性和扩展柔性等。

②重组,通过重组、重构的方式来增强对市场、新产品开发的快速响应能力。

③快速化的集成设计和制造技术,如快速原型制造(Rapid Prototyping/Parts Manufacturing,RPM)、集成设计法。

1.1.3 制造网络化

基于网络的制造,主要研究内容包括以下几个方面。

①企业内部的网络化,以实现制造过程的集成。

②企业与制造环境的网络化,实现制造环境与企业中工程设计、管理信息等系统的集成。

③企业与企业间的网络化,实现企业间的资源共享、组合与优化利用。

1.1.4 制造虚拟化

虚拟制造又称拟实制造,实际上就是实现产品制造的数字化。它是以制造技术和计算机仿真技术为基础,集现代制造工艺、计算机图形学、并行工程、人工智能、人工现实技术和多媒体技术等多种高新技术于一体,由多学科知识形成的一种综合系统技术。它通过建立系统模型将现实制造环境和制造过程映射到计算机及其相关技术所支撑的虚拟环境中,在虚拟环境下模拟现实制造环境和制造过程,并对产品制造及制造系统的行为进行预测和评价。

1.1.5 制造智能化

智能制造(Intelligent Manufacturing,IM)简称智造,源于人工智能的研究成果,是一种由智能机器和人类专家共同组成的人机一体化智能系统:

人工智能在制造过程中,主要采取分析、推断、判断以及构思和决策等的适应过程,与此同时还通过人与机器的合作,最终实现机器的人工智能化,智能制造使得自动化制造更为柔性化、智能化和高度集成化。

1.1.6　制造绿色化

绿色制造是综合考虑环境影响和资源效率的现代制造模式,其目的是使产品在从设计、制造、包装、运输、使用到报废处理的全生命周期中,对环境的影响最小,资源利用率最高。

制造业一方面创造人类财富,但同时又是环境污染的主要源头。制造业导致环境污染的根本原因是资源消耗和废弃物的产生。制造业的发展必须考虑到自然生态环境的长期承载能力,使环境和资源既能满足当代经济发展的需要,又能满足人类长远生存发展的需求,即制造业的发展必须以实现人与自然的和谐发展为基本前提,实现制造业的可持续发展。

绿色制造涉及的方面非常广泛,包括产品的全生命周期和多生命周期,主要有绿色设计、绿色材料、绿色工艺、绿色包装和绿色处理。绿色制造是未来制造业企业通向 21 世纪国际市场的通行证,是目前和将来制造业应该予以充分考虑和重视的一个重大问题。

1.2　机械制造装备的功能与分类

1.2.1　机械制造装备的功能

机械制造装备设计的好坏,会直接影响其质量、成本、研发周期及市场的竞争力。随着科学技术的不断发展,人们对机械制造装备提出了更多和更高的要求。在机械制造装备应具备的功能中,除了设备的基本功能外,还应提出精密化、自动化、机电一体化、柔性化、符合工业工程和绿色工程的要求。

1.2.1.1　基本功能

(1)加工精度

加工精度是指加工后零件的几何参数与理想状态相符合的程度,一般包括尺寸精度、表面形状精度、相互位置精度和表面粗糙度等。加工精度是机械制造装备必须满足的最基本要求。

（2）强度、刚度和抗振性

一般情况下，机械制造装备的刚度越大，则动态精密度越高。因此，机械制造装备应具有足够的强度、刚度和抗振性。提高刚度和抗振性不能只简单地加大制造装备零部件的尺寸和重量，应充分利用新技术、新工艺、新结构和新材料，对制造装备的整体结构和主要零部件进行改进设计，在不增加或少增加尺寸和重量的前提下，使制造装备的强度、刚度和抗振性满足技术要求。

（3）加工稳定性

机械制造装备在使用过程中，受到外部热源（如阳光、环境温度的变化）和内部热源（如电动机、齿轮箱、轴承、液压和切削热等）的影响，各部分温度发生变化，产生热变形，装备的原始几何精度被破坏，运动部件加快磨损。特别是对于精密和自动化程度较高的机械制造设备，热变形对加工稳定性的影响尤其不能忽视。提高加工稳定性的措施有减小发热量、散热、分离热源、隔热、控制温升、改善装备结构等。

（4）耐用度

机械制造装备经过长期使用，因零件磨损、间隙增大，原始工作精度将逐渐丧失。对于加工精度要求很高的机械制造装备，耐用度方面的要求尤为重要。提高耐用度应从设计、工艺、材料、热处理和使用等多方面综合考虑。从设计角度，提高耐用度的主要措施包括减小磨损、均匀磨损、磨损补偿等。

（5）经济性

投入到机械制造装备上的费用将分摊到产品成本中去。若产品产量很大，分摊到每个产品的费用较少；反之，产品的产量较少，甚至是单件，过大地在机械制造装备上投资，将大幅度地提高产品的成本，削弱产品的市场竞争力。因此，不应盲目地追求机械制造装备的技术先进程度和无计划地加大投入，而应该认真进行技术经济分析，确定机械制造装备设计和选购方面的指导方针。

1.2.1.2 精密化

精度是机械技术水平的一个重要标志。精度水平从 20 世纪 40 年代的 0.1，60 年代的 0.01，到目前的 0.001，半个多世纪提高了两个数量级，它对光学、电子学、计算机科学及国防、航空航天、核工业等技术领域的发展做出了重要贡献。在这种情况下，采用传统的措施，一味提高机械制造装备自身的精度已无法奏效，需要采用误差补偿技术。

制造工艺对高精度的要求,迫使传统机械技术与新兴学科、新兴技术的结合,从而形成了现代机械技术的一个重要发展方向——精密机械技术。精密机械技术包括精密加工技术和微机械技术。

精密加工一般有两个含义:一是突破传统加工方法所不能达到的精密界限,即高精度加工;二是指以半导体生产为代表的微细尺寸加工,即微细加工。总的来说,精密加工技术主要包括精密切削技术、模具成型技术、超精密研磨技术、微细加工技术、纳米技术等。其中,微细加工技术又称亚微米技术,其典型代表是美国率先使用的电子束光刻技术,该技术可以在 $1\,\mu m$ 的硅片上集成上百万个电子元件。纳米技术是一种在 $0.1\sim100\,nm$ 的极微小尺寸范围内研究电子、原子和分子运动规律及其特性的跨世纪高技术,它是一个多学科交叉的学科,是现代物理学和先进工程技术结合的产品。从 1981 年发明扫描隧道显微镜(STM),可以观测物质表面原子分子以来,在此基础上又开发了弹道电子发射电镜(BEEM),用它可以在硅片上刻写仅几个纳米宽的线,这表明信息存储的数据密度可以提高几个数量级。

随着纳米技术的发展,微细加工技术已从一维、二维的平面结构发展到三维立体结构,这为微机械制作打下了良好的基础。同时,生物工程和微电子技术等科技领域的发展,又对微机械提出了迫切要求。微机械的几何尺寸已进入了微观世界范围,因此许多物理现象与在宏观世界中的现象有很大的不同,如静电引力,此时已超过重力、惯性力的影响,质量对运动的影响几乎已不需要过多的考虑,因此必须对微机械的运动物和动力学进行深入的研究。

1.2.1.3　自动化

自动化是人类社会和科学进步的结晶,是生产力发展的必经之路。制造自动化是实现高效率、高产率、低能耗的最优选择之一。就其本质而言,制造自动化是将机械设备、电子设备与计算机有效地连接在一起,最终实现机械自动生产的目的。它一方面是在运用先进工艺技术的基础上,采用机械化和自动化技术、装置和设备,使投入生产的原材料、辅料和外购件等加工对象的变换和输送的"物质流动过程"和使生产所需的动力和能源的变换和传输的"能量流动过程"按最佳状态自动进行;另一方面,使加工操作的程序安排、生产技术工作、计划、调度及经营管理等方面的信息采集、存贮、交换、处理和传递的"信息流动过程"也能按整个生产最有利的状态自动进行。

制造自动化技术的进步是国家综合国力的进步。机械自动化的根本意义在于它的经济效果。机械制造装备自动化的目的在于减轻劳动强度,提高生产效率,节省能源及降低生产成本。自动化分为全自动和半自动。全自动是指机械制造装备在调整好后无须人工参与便能自动完成预定的全部工作；虽能自动完成预定的全部工作，但上下料（装卸工件）仍需要人工进行，则称为半自动。实现自动化的方法一般有凸轮控制、程序控制、数字控制和适应控制等。

1.2.1.4 机电一体化

当今社会处在一个科技发展极其迅速的时代，在计算机技术和现代科学技术不断发展的同时存在着不同学科之间的交叉和渗透，让工程领域也出现了较大范围的革新。在机构原有的主功能、动力功能、控制功能和信息处理功能的基础上引进电子技术，将机械与电子技术有效地结合起来，即机电一体化的实现给社会生活带来了很大的便利和新的灵感。如今，机电一体化发展迅速，对于企业的发展来说，既是机会，又是严峻的挑战。

机电一体化是机械工业技术和产品的发展方向，随着高新技术向产业的转移，传统的机械制造装备和生产管理系统将被大规模地改造和更新为机电一体化生产系统。机电一体化产品或系统应包括以下基本部分：机械本体、动力部分、检测传感部分、执行机构、驱动部分、控制及信息处理单元及接口。设计机电一体化系统或产品时，要充分考虑机械、液压、气动、电力电子、检测、计算机软硬件的特点，进行合理的功能搭配，通过接口使各部分和子系统组成一个有机的整体，使各功能环节有目的、协调一致地运动。机电一体化系统或产品具有功能强、性能高、精度高、可靠性强、故障率低、节能节材、机械结构简化、灵活性（柔性）好等特点。

1.2.1.5 柔性化

由于"刚性"的生产方式使产品的改型和更新变得十分困难，机械制造装备的柔性化便引起人们的重视。机械制造装备柔性化是指其结构柔性化和功能柔性化。

所谓结构柔性化是指设计机械制造装备时，采用模块化和机电一体化技术，只对结构进行少量的修改和重新组合，或者修改软件，就可以迅速生产出具有不同功能的新制造装备。

功能柔性化是指只需进行少量的调整或修改软件，就可以方便地改变产品或系统的运行功能，以满足不同的加工需要。数控机床、柔性制造单元或系统具有较高的柔性化程度。在柔性制造系统中，不同工件可以同时上线，实现混流加工。这类加工装备投资极大，研制周期长，使用和维护涉及的技术难度大，应通过认真的技术经济分析，确认有较好的经济效益才可考虑采用。

随着经济的发展,具有较高功能柔性的数控机床、柔性制造单元和柔性制造系统等制造装备不断问世,可根据制造任务和生产环境的变化迅速进行调整,以适应于多品种、中小批量生产或实现混流加工。

1.2.1.6　符合工业工程要求

工业工程是对人、设备、物料、能源和信息所组成的集成系统进行设计、改善和实施的一门应用科学,并且可用于企业生产管理,也可以说是一门管理技术。其目标是设计一个生产系统及其控制方法,在保证工人和最终用户健康安全的条件下,以最低的成本生产符合质量要求的产品。

现代工业工程除包括传统工业工程的内容外,还不断扩充和发展新内容,主要领域如下:①生产计划与控制;②库存管理与控制;③物流系统分析与设计;④设施规划与设计;⑤运筹学与优化技术;⑥成本管理与控制;⑦决策分析;⑧信息处理与系统设计;⑨人力资源管理;⑩现代制造学,包括成组技术、价值工程、信息工程、智能工程、柔性制造系统/柔性制造单元,计算机集成制造系统等。因此,要求设计人员必须具备多方面的知识和技术。

1.2.1.7　符合绿色工程要求

所谓绿色工程是一个注重环境保护、节约资源、保证可持续发展的工程。根据绿色工程要求,企业必须纠正过去那种不惜牺牲环境和消耗资源来增加产出的错误做法,使经济发展更多地与地球资源承受能力有机协调。按绿色工程要求设计的产品称为绿色产品。绿色产品设计在充分考虑产品功能、质量、开发周期和成本的同时,优化各有关设计要素,使产品在整个生命周期中对环境影响最小,资源利用率最高。

绿色产品设计中应考虑的问题很多,如产品材料的选择应是无毒、无污染、易回收、易降解、可重用的;产品制造过程应充分考虑对环境的保护、资源回收、废弃物的再生和处理、原材料的再循环、零部件的再利用等。原材料再循环的成本一般较高,应考虑经济、结构和工艺的可行性。为了使零部件能再利用,应通过改变材料、结构布局及零部件的连接方式等来改善和实现产品拆卸的方便性、经济性。

1.2.2　机械制造装备的分类

机械制造过程是一个十分复杂的生产过程,所使用装备的类型很多,总体上可分为加工装备、工艺装备、储运装备和辅助装备四大类。机械制造装备与制造方法、制造工艺紧密联系在一起,是机械制造技术的重要载体。

（1）加工装备

加工装备是机械制造装备的主体和核心，是采用机械制造方法制造机器零件或毛坯的机器设备，又称为机床或工作母机。机床的类型很多，除了金属切削机床之外，还有特种加工机床、锻压机床、冲压机床、挤压机、注塑机、快速成形机、焊接设备、铸造设备等。

（2）工艺装备

工艺装备是产品制造过程中所用各种工具的总称，包括刀具、夹具、量具、模具和辅具等。它们是保证产品制造质量、贯彻工艺规程、提高生产效率的重要手段。

（3）物料储运装备

物料储运装备主要包括物料运输装置、机床上下料装置、刀具输送设备以及各级仓库及其设备。

物料运输主要指坯料、半成品及成品在车间内各工作站（或单元）间的输送。采用输送方法有各种输送装置和自动运输小车。自动运输小车分为有轨小车（RGV）和无轨小车（AGV）两大类。

机床上下料装置是指将待加工件送到正确的加工位置及将加工好的工件从机床上取下的自动或半自动机械装置。机床上下料装置类型很多，有料仓式和料斗式上料装置、上下料机械手等。生产线上的机械手能完成简单的抓取、搬运，实现机床的自动上、下料工作。

在柔性制造系统中，必须有完备的刀具准备与输送系统，完成包括刀具准备、测量、输送及重磨刀具回收等工作。刀具输送常采用传输链、机械手等手段，也可采用自动运输小车对备用刀库等进行输送。

仓储装备机械制造生产中离不开不同级别的仓库及其装备。仓库是用来存储原料、外购器材、半成品、成品、工具、胎夹模具、托盘等，分别归厂和车间管理。自动化仓库又称立体仓库，它是一种设置有高层货架，并配有仓储机械、自动控制和计算机管理系统，能够自动地储存和取出物料，具有管理现代化的新型仓库，是物流中心重要的组成部分。

（4）辅助装备

辅助装备包括清洗机、排屑设备及测量、包装设备等。

清洗机是用来对工件表面的尘屑油污等进行清洗的机械设备。所有零件在装配前均需经过清洗，以保证装配质量和使用寿命，清洗液常用$3\%\sim10\%$的苏打水或氢氧化钠水溶液，加热到$80\sim90℃$，可采用浸洗、喷洗、气相清洗和超声波清洗等方法，在自动装配中应分步自动完成。

排屑装置用于自动机床、自动加工单元或自动线上，包括清除切屑装置和输送装置。清除切屑装置常采用离心力、压缩空气、电磁或真空、冷却液冲刷等方法;输送装置有平带式、螺旋式和刮板式等多种类型,保证将铁屑输送至机外或线外的集屑器中,并能与加工过程协调控制。

1.3　机械制造装备设计类型及内容

1.3.1　设计类型

机械制造装备产品的设计工作可分为创新设计、变型设计和模块化设计三大类型,依据不同的设计类型可采用不同的设计方法。

1.3.1.1　创新设计

在当前市场竞争十分激烈的情况下,企业要求得生存,必须根据市场需求,快速地开发出创新产品去占领市场。开发出具有竞争力的创新产品,是通过改善产品的功能、技术性能和质量,降低生产成本和能源消耗,以及采用先进的生产工艺等方式来缩短与国内外同类先进产品之间的差距,来提高产品的竞争能力。

创新设计通常应从市场调研和预测开始,明确产品的创新设计任务,经过产品规划、方案设计、技术设计和施工设计四个阶段;还应通过产品试制和产品试验来验证新产品的技术可行性;通过小批量试生产来验证新产品的制造工艺和工艺装备的可行性。

1.3.1.2　变型设计

单一产品往往满足不了市场多样化和瞬息万变的需求。若每种产品都采用创新设计方法,则需要较长的开发周期和较大的开发工作量。为了快速满足市场需求的变化,常常采用适应型和变参数型设计方法。这两种设计方法都是在原有产品基础上,在保持其基本工作原理和总结构不变的情况下,通过改进或改变设计来满足市场需求。适应型设计是通过改变或更换部分部件或结构,变参数型设计是通过改变部分尺寸与性能参数,形成所谓的变型产品。适应型设计和变参数型设计统称为变型设计。

1.3.1.3　模块化设计

模块化设计是按合同要求,选择适当的功能模块,直接拼装成所谓的组合产品。进行组合产品的设计,是在对一定范围内不同性能、不同规格的产品进行功能分析的基础上,划分并设计出一系列功能模块,通过这些模块的组合,构成不同类型或相同类型不同性能的产品,满足市场的多方面需求。

据不完全统计,机械制造装备产品中有很多设计属于变型产品和组合产品,创新产品只占一小部分。尽管如此,创新设计的重要意义仍不容低估。这是因为创新设计方法是企业在市场竞争中取胜的必要条件;变型设计和模块化设计是在基型和模块系统的基础上进行的。

1.3.2　设计内容及步骤

机械制造装备设计的内容与步骤根据设计类型的不同而不同。创新设计的步骤最为典型,基本包括产品规划、方案设计、产品试制和定型投产四个阶段。

1.3.2.1　产品规划阶段

该阶段对市场需求、技术和产品发展动态、企业生产能力及经济效益等进行可行性调查研究,分析决策开发项目和目标。其主要内容如下。

（1）需求分析

产品设计是为了满足市场的需求,而市场需求往往是不具体的,有时是模糊的、潜在的,甚至是不可能实现的。需求分析的任务是使这些需求具体化和恰到好处,明确设计任务的要求,也就是要清楚用户"要什么"。

需求分析一般包括对销售市场和原材料市场的分析,具体内容如下:

①新产品开发面向的社会消费群体,明确他们对产品功能、技术性能、质量、数量、价格等方面的要求。

②现有类似产品的功能、技术性能、价格、市场占有情况和发展趋势。

③竞争对手在技术、经济方面的优势和劣势及发展趋势。

④主要原材料、配件、半成品等的供应情况、价格及变化趋势等。

（2）市场调研和预测

根据用户需求,收集市场和用户信息,预测产品发展动态和水平,提出新产品市场预测报告。

（3）技术调查

分析国内外同类产品的结构特征、性能指标、质量水平与发展趋势,对新产品的设想（包括使用条件、环境条件、性能指标、可靠性、外观、安装布局及应执行的标准或法规等）,对新采用的原理、结构、材料、技术及工艺进行分析,确定需要的攻关项目和先行试验等,提出技术调查报告。

（4）可行性分析

对新产品设计和生产的可行性进行分析，并提出可行性分析报告，包括产品的总体方案、主要技术参数、技术水平、经济寿命周期、企业生产能力、生产成本与利润预测等。

（5）开发决策

经过可行性分析后，应提出待定设计产品的开发项目建议书与评审报告，供企业领导决策，批准立项。

1.3.2.2　方案设计阶段

方案设计实质上是根据设计任务书的要求，进行产品功能原理的设计，即要完成"做什么"才能满足用户需求。该阶段完成的质量将严重影响到产品结构、性能、工艺和成本，关系到产品的技术水平及竞争能力。该阶段可分为初步设计、技术设计和工作图设计三个阶段。

（1）初步设计

初步设计是完成产品总体方案的设计，确定设计产品的基本参数及主要性能指标，总体布局、主要部件结构、所设计产品主要工作原理及标准化要求等；必要时进行试验研究，提出试验研究报告；对初步设计进行评审，通过后可作为技术设计的基础。

（2）技术设计

技术设计是完成设计、计算，分析组成部分的结构、参数，并绘制产品总装配图及其主要零部件图的工作。在试验研究、设计计算及技术经济分析的基础上修改总体设计方案，编制技术设计说明书，并对技术任务书中确定的设计方案、性能参数和结构原理等变更情况、原因与依据等予以说明。技术设计中的试验研究是对主要零部件的结构、功能及可靠性进行试验，为零部件设计提供依据。在技术设计评审通过后，其产品技术设计说明书、总装配图、主要零部件图等图样与文件，可作为工作图设计的依据。

（3）工作图设计

工作图设计是绘制产品全部工作图样和编制必需的设计文件的工作，以供加工、装配、供销、生产管理及随机出厂使用，要严格贯彻执行各级各类标准，要进行标准化审查和产品结构工艺性审查。工作图设计又称为详细设计或施工设计。

1.3.2.3　产品试制阶段

该阶段通过样机试制和小批量试制，验证产品图样、设计文件，工艺文件、工装图样等的正确性，以及产品的适用性和可靠性。

（1）样机试制

首先，要编制产品试制的工艺方案和工艺规程等。试制 1～2 台样机后，经试验、生产考验后进行鉴定，提出改进设计方案，对设计图样和文件进行修改定型。随着计算机技术的不断发展，虚拟样机技术有逐步取代试制的趋势。虚拟样机技术是指在产品设计开发过程中，将分散的零部件设计和分析技术糅合在一起，在计算机上建造出产品的整体模型，并针对该产品在投入使用后的各种工况进行仿真分析，预测产品的整体性能，进而改进产品设计和提高产品性能的一种新技术。

（2）小批量试制

小批量试制 5～10 台，为批量生产提供工艺准备，根据鉴定及试销后的质量反馈，进一步修改有关图样和文件，完善产品设计。

1.3.2.4　定型投产阶段

该阶段是完成正式投产的准备工作，对工艺文件、工艺装备定型，对设备和检测仪器进行配置、调试和标定等，要求达到正式投产条件，具备稳定的批量生产能力。

1.4　机械制造装备设计的评价

1.4.1　评定指标

机械制造装备（简称装备）的优劣，在很大程度上取决于设计。因此，装备设计中，必须充分注意装备的评价指标以及用户的具体要求。用户对装备的要求是造型美观、性能优良、价格便宜；而制造者的要求则是结构简单、工艺性能好、成本低。

装备的评定指标，又称技术经济指标，至今未做统一规定，而且不同装备的要求也不尽相同，下面以机床为例，介绍机床的一般主要评定指标。

1.4.1.1　工艺范围

工艺范围是指机床适应不同生产要求的能力，一般包括机床上完成的工序种类、工件的类型、材料、尺寸范围以及毛坯种类等。

机床工艺范围要根据市场需求及用户要求合理确定。不仅要考虑单个机床的工艺范围，还要考虑生产系统整体，合理配置不同装备以及确定各自工艺范围,以便追求系统优化效果。

数控机床是一种能进行自动化加工的通用机床,由于数字控制的优越性,常常使其工艺范围比普通机床更宽,更适用于机械制造业多品种小批量的要求。

1.4.1.2 精度和精度保持性

机床本身的误差和非机床(如工件、刀具、加工方法测量及操作等)引起的误差都影响工件的加工精度和表面粗糙度。机床精度能够反映机床本身误差的大小,它主要包括装备的几何精度、传动精度、运动精度、定位精度和工作精度等。

机床的精度可分为普通级、精密级和高精度级三种精度等级。三种精度等级的机床均有相应的精度标准,其允许误差若以普通精度级为 1,则其公差大致比例为 $1:0.4:0.25$。国家有关机床精度标准对不同类型和等级机床的检验项目及允许误差都有比较明确的规定,在机床设计与制造中必须贯彻执行,并注意留出一定的精度储备量。

机床精度保持性是指机床在工作中能长期保持其原始精度的能力,一般由机床某些关键零件,如主轴、导轨、丝杠等的首次大修期所决定,对于中型机床首次大修期应保证在 $8\sim10$ 年以上。为了提高机床的精度保持性,要特别注意关键零件的选材和热处理,尽量提高其耐磨性,同时还要采用合理的润滑和防护措施。

1.4.1.3 机床生产率

机床生产率通常是指单位时间内机床所能加工的工件数量,即

$$Q=\frac{1}{t}=\frac{1}{t_1+t_2+\dfrac{t_3}{n}}$$

式中,Q 为机床生产率;t 为单个工件的平均加工时间;t_1 为单个工件的切削加工时间;t_2 为单个工件加工过程中的辅助时间;t_3 为加工一批工件的准备与结束工作的平均时间;n 为一批工件的数量。

由上式可见,要提高机床的生产率可以采用先进刀具提高切削速度,采用大切深、大进给、多刀多刃切削、多工件及多工位加工等缩短切削时间。采用空行程机动快移,快速装卸刀具、工件,自动测量和数字显示等,缩短辅助时间。

1.4.1.4 机床性能

机床在加工过程中产生的各种静态力、动态力以及温度变化,会引起机

床变形、振动、噪声等,给加工精度和生产率带来不利影响。机床性能就是指机床对上述现象的抵抗能力。由于影响因素很多,在机床性能方面,还很难像精度检验那样,制定出确切的检测方法。

1.4.2 价值分析

1.4.2.1 价值的概念

产品设计就是为用户提供一个技术上完善,经济上合理,并符合美学要求的一种解决方案。设计方案或产品的优劣是用其价值的大小来衡量的。产品所具有的价值(V)等于它的必要功能(F)与寿命周期成本(C)的比值,即

$$V = \frac{F}{C}$$

价值分析的核心是功能分析,产品功能(包括使用功能和美学功能)是指它的性能、质量、效用及满足用户的需要程度。机床产品的功能即主要包括工艺范围、精度、生产率、性能、宜人性以及质量等。在产品设计中,耗费最低的寿命周期成本是经济方面的目标,可靠地实现必要功能是技术方面的目标。提高产品的价值,就需要依靠集体智慧和有组织的活动,通过对产品进行功能分析,用更低的成本来实现用户要求的功能。

1.4.2.2 提高产品价值的途径

由上式可知,提高产品价值的主要途径如下。
①F 提高,C 降低。
②F 提高,C 不变。
③F 大为提高,C 小有增加。
④F 不变,C 降低。

在机床产品的全部设计过程中都可采用价值分析的方法。在初步设计阶段,能把技术上的优劣给出定量的概念,可从许多可行方案中选择最佳方案;在技术设计阶段,又能用以对产品结构进行评价,使方案具有最佳功能和最低成本;在工作图设计阶段,还可用来对零件进行优化设计等。

在产品设计文件中应有技术经济分析报告,这是运用价值分析方法来论证机床产品及其组成部分在技术经济上的合理性文件。内容包括:研究确定对产品性能、质量及成本费用有重大影响的主要零、部件;同类型产品相应零部件的技术经济分析比较;论证达到技术上先进、经济上合理的结构

方案;预计达到的经济指标等。

1.4.3　设计评价

评价方法很多,如多属性评价法、多元统计评价法、不确定性评价法等,它们各有各的特点和适用范围。在经典的评估中,各个数据和信息都假定为绝对精确,目标和约束也都假定被严格地定义并有良好的数学表示。因此,在理论上存在着一个分明的解空间,能寻找其中的最优解。但是,对于机械制造装备一类具有随机性、模糊性特点的产品,如结构的合理性、操作的简洁性、安全可靠性、造型美观程度等很难制定出精确的量化指标和参数。因此在评估决策中,需要建立一种不同于经典评估的模型,以便更好刻画人类对客观事物认识中出现的思维、判断、推理的非量化和不精确性现象,即不确定性评价方法。

不确定性评价方法也很多,如模糊综合评价法、灰色评价法、粗糙集评价法、云评价法和突变级数评价法等。

第2章　金属切削机床及主要部件设计

金属切削机床(Metal Cutting Machine Tools)是用切削的方法将金属毛坯加工成机器零件的机器,习惯上简称为机床。金属切削机床是加工机器零件的主要设备,它所担负的工作量占机器总制造工作量的 40%～60%,机床的技术水平直接影响机械制造工业产品的最终质量和劳动生产率。

2.1　金属切削机床的基本知识

2.1.1　金属切削机床的分类

按加工性质和使用的刀具可分为:车床、钻床、镗床、磨床、齿轮加工机床、螺纹加工机床、铣床、刨插床、拉床、锯床、其他机床。

同类机床按应用范围(通用程度)又可分为:通用机床、专门化机床和专用机床。

(1)通用机床

它可用于加工多种零件的不同工序,加工范围较宽,通用性较大,但结构较复杂。

(2)专门化机床

它可专门用于加工某一类或几类零件的某一道(或几道)特定工序,工艺范围较窄,这种机床适用于成批生产,例如曲轴车床、凸轮轴车床等。

(3)专用机床

它只能用于加工某一种零件的某一道特定工序,工艺范围最窄,这种机床适用于大批量生产。

机床按重量与尺寸不同,可分为:仪表机床、中型机床、大型机床(重量达 10 t)、重型机床(大于 30 t)和超重型机床(大于 100 t)。

机床按主要工作部件的数目不同,可分为单轴、多轴或单刀、多刀机床等。

随着机床工业的发展,其分类方法也将不断变化。现代数控机床的功能日趋多样化,它集中了越来越多的传统机床的功能。

2.1.2　金属切削机床型号的编制

每种机床的型号必须反映机床的类型、通用性、结构特性以及主要技术参数等。我国机床的型号是按 2008 年颁布的标准 GB/T 15375—2008《金属切削机床型号编制方法》编制的。

2.1.2.1　型号表示方法

通用机床型号由基本部分和辅助部分组成,中间用"/"隔开,前者需要统一管理,后者是否纳入型号由企业自定。型号构成如图 2-1 所示。

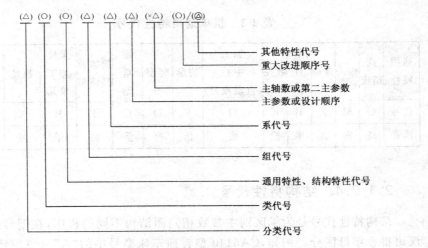

图 2-1　机床型号的表示方法

注:1.有"(　)"的代号或数字,当无内容时,则不表示;若有内容则不带括号。

2."〇"符号为大写的汉语拼音字母。

3."△"符号为阿拉伯数字。

4."⊿"符号为大写的汉语拼音字母或阿拉伯数字,或两者兼之。

2.1.2.2　机床类代号

机床的类代号用汉语拼音大写字母表示,分类代号在类代号之前,作为型号的首位,用阿拉伯数字表示。机床的类别和分类代号及其读音见表2-1。

表 2-1 机床的类别和分类代号

类别	车床	钻床	镗床	磨床			齿轮加工机床	螺纹加工机床	铣床	刨插床	拉床	锯床	其他机床
代号	C	Z	T	M	2M	3M	Y	S	X	B	L	G	Q
读音	车	钻	镗	磨	二磨	三磨	牙	丝	铣	刨	拉	割	其他

2.1.2.3 机床的通用特性代号

当某类型机床除有普通式外,还具有表 2-2 所列的通用特性时,则在类代号之后用大写的汉语拼音予以表示。

表 2-2 机床通用特性代号

通用特性	高精度	精密	自动	半自动	数控	加工中心（自动换刀）	仿形	轻型	加重型	简式或经济型	柔性加工单元	数显	高速
代号	G	M	Z	B	K	H	F	Q	C	J	R	X	S
读音	高	密	自	半	控	换	仿	轻	重	简	柔	显	速

2.1.2.4 结构特性代号

结构特性代号是为了区别主参数相同而结构不同的机床,在型号中用汉语拼音字母区分。例如,CA6140 型普通车床型号中的"A"可以理解为:CA6140 型普通车床在结构上区别于 C6140 型普通车床。

2.1.2.5 机床的组别、系别代号

同类机床因用途、性能、结构相近或有派生而分为若干组,如表 2-3 所示。

表 2-3　金属切削机床类、组划分表

类别 ＼ 组别		0	1	2	3	4	5	6	7	8	9
车床 C		仪表小型车床	单轴自动车床	多轴自动、半自动车床	回转、转塔车床	曲轴及凸轮轴车床	立式车床	落地及卧式车床	仿形及多刀车床	轮、轴、辊、锭及铲齿车床	其他车床
钻床 Z			坐标镗钻床	深孔钻床	摇臂钻床	台式钻床	立式钻床	卧式钻床	铣钻床	中心孔钻床	其他钻床
镗床 T				深孔镗床		坐标镗床	立式镗床	卧式铣镗床	精镗床	汽车、拖拉机修理用镗床	其他镗床
磨床	M	仪表磨床	外圆磨床	内圆磨床	砂轮机	坐标磨床	导轨磨床	刀具刃磨床	平面及端面磨床	曲轴、凸轮轴、花键轴及轧辊磨床	工具磨床
	2M		超精机	内圆珩磨床	外圆及其他珩齿机	抛光机	砂带抛光及磨削机床	刀具刃磨及研磨机床	可转位刀片磨削机床	研磨机	其他磨床
	3M		球轴承套圈沟磨床	滚子轴承套圈滚道磨床	轴承套圈超精机		叶片磨削机床	滚子加工机床	钢球加工机床	气门、活塞及活塞环磨削机床	汽车、拖拉机修磨机床
齿轮加工机床 Y		仪表齿轮加工机		锥齿轮加工机	滚齿机及铣齿机	剃齿及珩齿机	插齿机	花键轴铣床	齿轮磨齿机	其他齿轮加工机	齿轮倒角及检查机
螺纹加工机床 S					套螺纹机	攻螺纹机		螺纹铣床	螺纹磨床	螺纹车床	
铣床 X		仪表铣床	悬臂及滑枕铣床	龙门铣床	平面铣床	仿形铣床	立式升降台铣床	卧式升降台铣床	床身铣床	工具铣床	其他铣床
刨插床 B			悬臂刨床	龙门刨床			插床	牛头刨床		边缘及模具刨床	其他刨床
拉床 L				侧拉床	卧式外拉床	连拉床	立式内拉床	卧式内拉床	立式外拉床	键槽、轴瓦及螺纹拉床	其他拉床

类别 \ 组别	0	1	2	3	4	5	6	7	8	9
锯床 G			砂轮片锯床		卧式带锯床	立式带锯床	圆锯床	弓锯床	锉锯床	
其他机床 Q	其他仪表机床	管子加工机床	木螺钉加工机		刻线机	切断机	多功能机床			

2.1.2.6　机床的主参数、设计顺序号和第二主参数

机床主参数代表机床规格的大小。在机床型号中,用数字给出主参数的折算数值(1/10 或 1/100),它位于机床的组别、系别代号之后。

设计顺序号指当无法用一个主参数表示时,则在型号中用设计顺序号表示。第二主参数在主参数后面,一般是主轴数、最大跨距、最大工作长度、工作台工作面长度等,它也用折算值表示。

2.1.2.7　机床的重大改进序号

当机床性能和结构布局有重大改进和提高时,在原机床型号尾部,按其设计改进的次序,分别加重大改进顺序号 A、B、C……。

2.1.2.8　其他特性代号

其他特性代号用汉语拼音字母或阿拉伯数字或两者的组合来表示,主要用以反映各类基础的特性。

2.2　机床设计及其基本理论

2.2.1　机床产品设计要求

机械产品的性能,80% 取决于设计阶段,因此,必须高度重视设计方法和手段的应用。

2.2.1.1　工艺范围

机床工艺范围指机床满足不同生产要求的能力,大致包括下列内容。

①在机床上可完成的工序种类。

②加工零件的类型、材料和尺寸范围。

③毛坯的种类等。

2.2.1.2　生产率和自动化程度

生产率是指单位时间内机床所能加工的零件数量,它影响到生产效率和生产成本,在满足加工精度和机床使用要求的情况下,生产率应尽可能地提高。

根据自动控制系统的规模和控制手段的复杂程度区分自动化的等级。在生产过程自动化中通常将自动化程度分为三级。

①初级自动化主要是工作循环的自动化,即采用自动机床和半自动机床以实现生产过程的自动化,又称为单机自动化。

②二级自动化指机床系统的自动化,即建立自动生产线。在二级自动化中,将各种加工、检验、装配、包装等工序,按照工艺顺序进行配置,用输送和控制设备进行连接,自动地完成除调整以外的综合工序。

③三级自动化指生产过程的综合自动化,采用电子计算机、自动控制、系统工程等技术建立的自动化、自动化车间和自动化工厂属这一级自动化,要求在生产过程的全部环节中能解决工件的储存、自动线之间的输送、废物的排除、质量控制和调度检查的综合自动化问题。

2.2.1.3　加工精度和表面相糙度

①几何精度:是指机床在不运动或运动速度低时,部件间相互位置精度和主要零部件的形位程度。几何精度由机床的制造精度和装配精度决定。

②运动精度:是指机床在以工作速度空转时,主要零部件的几何精度和位置精度。

③传动精度:是指机床传动链两端执行件间的运动协调性和均匀性。

④定位精度:是指机床主要部件在运动终点所达到的实际位置的精度。

2.2.1.4　可靠性

机床的可靠性是指机床在整个使用寿命期间完成规定功能的能力。可靠性包括两方面:一是机床在规定时间内发生失效的难易程度;二是可修复机床失效后在规定时间内修复的难易程度。从可靠性考虑,机床不仅要求在使用过程中不易发生故障,即无故障性,而且要求发生故障后容易维修,即维修性。

2.2.2 机床设计步骤

不同的机床类型设计步骤也不同,但归纳起来大体上可分为以下四个阶段。

2.2.2.1 总体方案设计

(1)掌握机床的设计依据

根据设计要求,进行调查研究,检索有关资料,包括技术信息、实验研究成果、新技术的应用成果、类似机床的使用情况、要设计的机床的先进程度及国际水平等相关资料。另外,可通过市场调研,搜集资料,掌握机床设计的依据。

(2)工艺分析

将获得的资料进行工艺分析,拟定出几个加工方案,进行经济效果预测对比,从中找出性能优良、经济实用的工艺方案(加工方法、多刀多刃等),必要时画出加工示意图。

(3)总体布局

按照确定的工艺方案,进行机床总体布局,进而确定机床刀具和工件的相对运动,确定各部件的相互位置。其步骤是:分配机床运动,选择传动形式和机床的支承形式,安排操作位置,拟定提高动刚度的措施,造型设计与色彩选择。另外,应画出传动原理图、主要部件的结构草图、液压系统原理图、电气控制电路图、操纵控制系统原理图。

(4)确定主要的技术参数

主要技术参数包括尺寸参数、运动参数和动力参数。尺寸参数主要是对机床加工性能影响较大的一些尺寸。运动参数是指机床主轴转速或主运动速度,以及移动部件的速度等。动力参数包括电动机功率、伺服电动机的功率或转矩、步进电动机的转矩等。

2.2.2.2 技术设计

根据已确定的主要技术参数设计机床的运动系统,画出传动系统图。设计时可采用计算机辅助设计、可靠性设计以及优化设计,绘制部件装配图、电气系统接线图、液压系统和操纵控制系统装配图。修改完善机床联系尺寸图,绘制总装配图及部件装配图。

2.2.2.3　零件设计及资料编写

绘制机床的全部零件图,并及时反馈信息,修改完善部件装配图和总图。整理编写零件明细表、设计说明书,制定机床的检验方法和标准、使用说明书等有关技术文件。

2.2.2.4　样机试制和试验鉴定

零件设计完成后,应进行样机试制。设计人员应根据设计要求,采购标准件、通用件。在试制过程中,设计人员应跟踪试制的全过程,特别要重视关键零件,及时指导修正其加工工艺,及时指导加工装配,确保样机制造质量。

样机试制后,进行空车试运转。随后进行工业性试验,即在额定载荷下进行试验,按规定使其工作一段时间后,拆检其精度,并写出工业性试验报告,然后进行样机鉴定。根据工业性试验报告、鉴定意见进行改进完善设计,进行批量生产。

2.3　主轴组件设计

主轴组件由主轴及其支承轴承、传动件、定位元件等组成。它是主运动的执行件,是机床重要的组成部分。它的功用是缩小主运动的传动误差并将运动传递给工件或刀具进行切削,形成表面成形运动,承受切削力和传动力等载荷。

2.3.1　主轴轴承

轴承是主轴组件的重要组成部分,机床上常用的主轴轴承有滚动轴承和滑动轴承两大类。

2.3.1.1　主轴滚动轴承

主轴滚动轴承的主要优点是有较高的旋转精度和刚度;适应转速和载荷变动的范围大;摩擦系数小,传动效率高;轴承润滑容易,维护方便等。其缺点是滚动轴承的径向尺寸较大,振动和噪声较大。

设计主轴支承时,应尽量采用滚动轴承。当工件加工精度及加工表面质量、主轴速度有较高要求时才用滑动轴承。

（1）主轴组件常用滚动轴承

常用的滚动轴承已经标准化、系列化，有向心轴承、向心推力轴承和推力轴承，共十多种类型，结构与分类如图 2-2 所示。

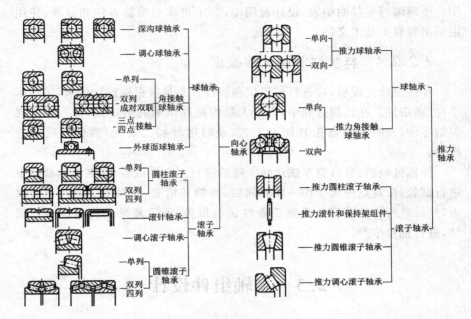

图 2-2　滚动轴承结构与分类

（2）滚动轴承的精度与配合

①精度。各种机电装备滚动轴系的精度，一般根据该机械的功能要求和检验标准有所规定，如加工精密级轴系的端部，应根据径向跳动和轴向窜动来选择主轴轴承的精度。

滚动轴承按其基本尺寸精度和旋转精度的不同可分成 B、C、D、E、G 五级。其中 B 级最高，G 级为普通级，可不标明。机床主轴组件一般要求具有较高的精度，主要采用 B、C 和 D 三级。随着轴承精度的提高，其制造成本也急剧增加，选用时应注意既能满足机床工作性能的要求，又要降低轴承的成本，做到经济效果好。

主轴前后支承的精度对主轴旋转精度的影响是不同的，如图 2-3 所示。图 2-3(a)表示前轴承内圈有偏心量 δ_0、后轴承偏心量为零的情况，这时反映到主轴端部的偏心量为

$$\delta_1 = \frac{L+a}{L}\delta$$

图 2-3(b)表示后轴承内圈有偏心量 δ_0、前轴承偏心量为零的情况，这时反映到主轴端部的偏心量为

$$\delta_2 = \frac{a}{L}\delta_0$$

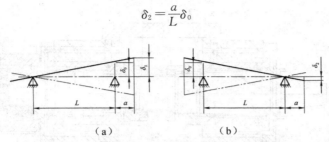

（a）　　　　　　　　　（b）

图 2-3　主轴前后支承的精度对主轴旋转精度的影响

由此可见，前轴承内圈的偏心量对主轴端部精度的影响较大，后轴承的影响较小。因此，前轴承的精度应当选得高些，通常要比后轴承的精度高一个级别。

②配合。滚动轴承内、外圈往往是薄壁件，受相配的轴颈、箱体孔的精度和配合性质的影响很大。要求配合性质和配合面的精度合适，不致影响轴承精度；反之则旋转精度下降，引起振动和噪声。

2.3.1.2　主轴滑动轴承

滑动轴承在运转中阻尼性能好，具有良好的抗振性和运动平稳性，承载能力和刚度高，精度保持性好。因此广泛应用于高速或低速的精密、高精度机床和大型数控机床中。

主轴滑动轴承，按流体介质不同可分为液体滑动轴承和气体滑动轴承。按产生油膜的方式不同可分为液体动压滑动轴承和液体静压滑动轴承。

（1）液体动压滑动轴承

动压轴承按油楔数分为单油楔轴承和多油楔轴承，多油楔轴承因有几个独立油楔，可将轴颈同时推向中央，工作中运转稳定，应用较多。

①固定多油楔轴承。在轴承内工作表面上加工出偏心圆弧面或阿基米德螺旋线来实现油楔。这种轴承工作时的尺寸精度、接触状况和油楔参数等均稳定，拆装后变化也很小，维修较方便，但加工较困难。

图 2-4（a）所示是用于高精度外圆磨床砂轮架主轴的固定多油楔滑动轴承。其中，轴瓦 1 为外柱内锥式；主轴的轴向定位由前、后两个止推环 2 和 5 控制，其端面上也有油楔以形成推力轴承；转动螺母 3 即可使主轴相对于轴瓦做轴向移动，通过锥面调整轴承径向间隙，通过螺母 4 调整轴承的轴向间隙。

固定多油楔轴承的形状如图 2-4（b）所示，外表面是圆柱形，内表面为 1：20 的锥孔，在圆周上铲削出五个等分的阿基米德螺旋线油囊（油楔槽）。油压分布及主轴转向如图 2-4（c）。

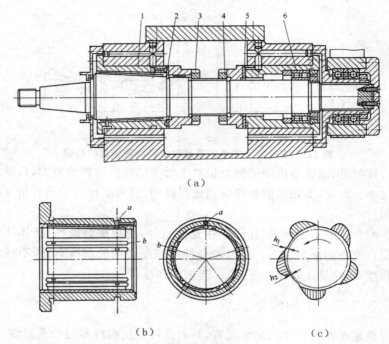

（a）

（b）   （c）

图 2-4　固定多油楔动压滑动轴承

（a）主轴组件；（b）轴瓦；（c）轴承工作原理

1—轴瓦；2、5—止推环；3—转动螺母；4—螺母；6—轴承

②活动多油楔滑动轴承。活动多油楔利用浮动轴瓦自动调位来实现油楔。如图 2-5 所示，轴承由三块或五块轴瓦组成，各有一球头螺钉支承，可稍微摆动以适应载荷或转速的变化。当轴颈转动时，将油从每个轴瓦与轴颈之间的间隙大口带向小口，如图 2-5(c)所示。瓦块的压力中心 O 离油楔出口处距离 b_0 约等于瓦块宽度 B 的 0.4 倍，即 $b_0 \approx 0.4B$。这样当主轴旋转时，由于瓦块上压强的分布，瓦块可自动摆动至最佳间隙比 $\dfrac{h_1}{h_2} = 2.2$（进油口间隙和出油口间隙之比）后处于平衡状态。

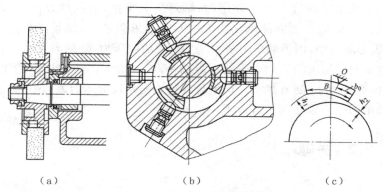

（a）　　　　　　　　（b）　　　　　　　　（c）

图 2-5　活动多油楔滑动轴承

（a）轴承结构图；（b）轴承结构图；（c）轴承工作原理

（2）液体静压滑动轴承

　　液体静压轴承系统是由一套专用供油系统、节流阀和轴承三部分组成。供油系统把压力油输进轴和轴承间隙中，利用油的静压力支承载荷，从而把轴颈推向中央。

　　图 2-6 所示是定压式静压轴承工作原理图。在轴承的内圆柱孔上，开有四个对称的油腔 $1\sim4$，油腔之间由轴向回油槽隔开，油腔与回油槽之间是封油面，封油面的周向宽度为 a，轴向宽度为 b。油泵输出的油压为定值 p_s 的油液，分别流经节流阀 $T_1\sim T_4$ 进入各个油腔，将轴颈推向中央，然后再流经轴颈与轴承封油面之间的微小间隙，由油槽集中起来流回油箱。当无外载荷作用（不考虑自重）时，各油腔的油压相等，即 $p_1=p_2=p_3=p_4$，保持平衡，轴在正中央，各油腔封油面与轴颈的间隙相等，即 $h_1=h_2=h_3=h_4$，间隙液阻也相等。

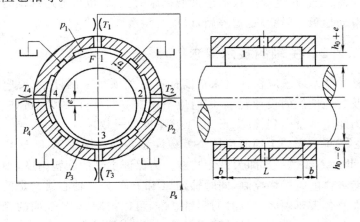

图 2-6　定压式静压轴承

当主轴受外载荷 F 向下作用时,轴颈失去平衡,沿载荷方向偏移一个微小位移 e,油腔 3 的间隙减小为 $h_3 = h_0 - e$,液阻增大,流量减小,节流阀 T_3 的压力降减小,因供油压力 p_s 是定值,故油腔压力 p_3 随着增大。同理,上油腔 1 间隙增大为 $h_1 = h_0 + e$,液阻减小,流量增大,节流阀 T_1 的压力降增大,油腔压力 p_1 随着减小。产生与载荷方向相反的压力差 $\Delta p = p_3 - p_1$,将主轴推回中心以平衡外载荷 F。

2.3.2 主轴

2.3.2.1 主轴的结构形状

主轴的结构形状比较复杂,应满足使用要求、结构工艺性要求及加工、装配工艺性要求等。通常将主轴设计成阶梯形状:一种是中间粗两边细,另一种是由主轴前端向后逐渐递减的阶梯状。

主轴端部是安装刀具、夹具的部位,其结构形状取决于机床类型、安装刀具和夹具的形式,并保证刀具或夹具的安装可靠、定心准确、装卸方便、悬伸量短以及能够传递一定的扭矩等。通用机床的主轴端部结构已标准化,设计时可查相应的机床标准。

2.3.2.2 主轴材料及热处理

主轴的材料应根据载荷特点、耐磨性要求、热处理方法和热处理后变形要求选择。普通机床主轴可选用 45 钢等优质中碳钢,调质处理后,再在主轴端部的锥孔、定心轴颈或定心锥面等部位进行局部高频淬硬以提高耐磨性。对转速较低、精度要求较低或大型机床的主轴,也可选用球墨铸铁。当支承为滑动轴承,则轴颈也需淬硬,以提高耐磨性。

2.3.2.3 主轴的技术要求

主轴的技术要求应根据机床精度标准有关项目来制订,主要应满足主轴精度及其他性能的设计要求,同时应考虑制造的可行性和经济性,便于检测等。为此应尽量做到检验、设计、工艺基准的一致性。

图 2-7 所示为一主轴的形位公差标注示意图。图中 A 和 B 是支承轴颈,其公共轴心线 $A—B$ 即为设计基准。为保证主轴的旋转精度,轴颈的精度和表面粗糙度应严格控制,同时轴颈 A 和 B 的公共轴心线又是前锥孔的工艺基准及各重要表面检测时的测量基准,可以控制 A、B 表面的径向圆跳动公差。普通精度机床主轴轴颈尺寸常取 IT5,形位公差数值一般为尺寸

公差的 1/4～1/3。

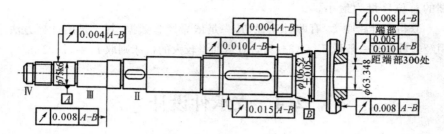

图 2-7　主轴的形位公差标注

　　主轴前端的定位面必须要有相应的尺寸和形状精度、表面粗糙度及与前、后支承轴颈的同轴度公差等要求。

　　具体的技术要求可参阅有关的主轴组件的资料来确定。

2.3.2.4　主轴主要结构参数的确定

（1）主轴前支承轴颈 D_1 的选取

D_1 一般根据主轴传递的功率并参考同类型机床主轴尺寸，参考表 2-4 选取。车床和铣床后轴颈的直径 $D_2=(0.7～0.85)D_1$，磨床主轴一般中间粗两边细，所以前后轴颈可取相等。

表 2-4　主轴前轴颈的直径 D_1

主传动功率/kW	2.6～3.6	3.7～5.5	5.6～7.2	7.4～11	11～14.7	14.8～18.4
卧式车床	70～90	70～105	95～130	110～145	140～165	150～190
升降台铣床	60～90	60～95	75～100	90～105	100～115	—
外圆磨床	50～60	55～70	70～80	75～90	75～100	90～100

　　（2）主轴内孔直径 d 的确定

　　对于空心主轴，内孔直径与其用途有关。为保证主轴的刚度，卧式车床的主轴孔径 d 通常不小于主轴平均直径的 $55\%～60\%$；铣床主轴孔径 d 可比刀具拉杆直径大 5～10 mm。

　　（3）主轴前端悬伸量 a 的确定

　　主轴前端悬伸量 a 是指主轴前端面到前支承径向支反力作用点之间的距离。在满足结构要求的前提下，应尽量减少悬伸量，提高主轴的刚度。

　　（4）主轴主要支承间跨距 L 的确定

　　主轴前后支承跨距 L 对主轴组件的刚度、抗振性和旋转精度等有较大的影响，且影响效果比较复杂。通过分析计算，在 a 已确定的情况下，存在

一个最佳跨距 L_0，在该跨距时，因主轴弯曲变形和支承变形引起主轴前轴端的总位移量为最小。

获得最佳跨距 L_0 有两种途径，其一是依靠经验数据，其二是用计算方法。用经验数据时一般取 $L_0=(3\sim5)a$，对悬伸量较大的机床则取 $L_0=(1\sim2)a$。

2.4 支承件设计

2.4.1 支承件的结构设计

支承件的变形，主要是弯扭变形。而抗弯刚度、抗扭刚度都是截面惯性矩的函数，随支承件截面惯性矩的增大而增加。表 2-5 列出了不同形状支承件的抗弯抗扭惯性矩及其比较，表中各支承件的截面积皆为 10 000 mm²。

表 2-5 截面形状与惯性矩的关系

序号		1	2	3	4	5	6	7	8
截面形状		φ113	φ160	φ196	φ196	100	141	173	63/250/95/218
I_w	cm⁴	800	2416	4027	—	833	2460	4170	6930
	%	100	302	503		104	308	521	866
I_n	cm⁴	1600	4832	8054	108	1406	4151	7037	5590
	%	100	302	503	7	88	259	440	350

EI_w 称为抗弯刚度，GI_n 称为抗扭刚度，E、G 分别为材料的弹性模量、剪切弹性模量。

从表 2-5 中可以得出以下结论：

①无论圆形、方形或矩形，都是空心截面的惯性矩比实心的大。加大截面轮廓尺寸，减小壁厚，可大大提高支承件的自身刚度。因此，在工艺可能的条件下，支承件常设计成空的，即通过尽量减薄壁厚来提高其自身刚度，如机床的床身截面一般做成中空形状。

②圆形截面的抗扭刚度比方形的大，而抗弯刚度比方形的小。若支承

件所承受的载荷主要是弯矩,则截面应该方形或矩形为好。环形的抗扭刚度比方框形和长框形的大,而抗弯刚度则小于后者。

③封闭截面的刚度比不封闭截面的大。在可能的条件下,截面应尽量设计成封闭的形状。但是,有时为了排屑和在支承件内安装一些机构或电器元件等的需要,支承件壁上往往必须开孔,很难做到完全封闭,如卧式车床的床身。

2.4.2　提高支承件的连接刚度和局部刚度

支承件在连接处抵抗变形的能力称为支承件的连接刚度。当支承件以凸缘连接时,连接刚度取决于螺钉刚度、凸缘刚度和接触刚度。为了保证支承件具有一定的接触刚度,接合面上的压力应不小于 $1.5\sim2.0$ MPa,接合面处的表面粗糙度 Rz 应达到 $8\ \mu m$。选择合适的螺钉尺寸及合理布置螺钉位置可以提高支承件的接触刚度。从提高抗弯刚度方面考虑,螺钉最好较集中地布置在支承件受拉的一侧。从提高抗扭刚度方面考虑,螺钉应均匀分布在四周。在连接螺钉轴线的平面内布置肋条也能适当地提高接触刚度。

支承件的连接刚度与凸缘的结构有关。在图 2-8 所示的三种凸缘连接形式中,图 2-8(a)的刚度较低,图 2-8(b)的刚度较高,图 2-8(c)的刚度最高。图 2-9 所示为在两种不同的连接设计中,受载时 E 点在 y 方向上的变形量。

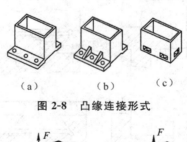

（a）　　　　（b）　　　　（c）

图 2-8　凸缘连接形式

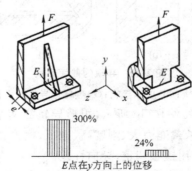

图 2-9　不同凸缘形式的刚度比较

2.5 导轨设计

2.5.1 滑动导轨

2.5.1.1 滑动导轨的截面形状

（1）直线运动导轨的截面形状

直线运动滑动导轨的基本截面形状主要有三角形、矩形、燕尾形和圆柱形，并可互相组合，每种导轨副还有凹、凸之分。对于水平放置的导轨，凸型导轨容易清除掉切屑，但不易存留润滑油，多用于低速运动的情况；凹型导轨则相反，用于高速运动的情况。

①三角形导轨。如图 2-10（a）所示，靠两个相交的导轨面导向。三角形导轨面磨损时，动导轨会自动下沉，自动补偿磨损量，不会产生间隙。三角形导轨的导向性随顶角 α 不同而不同，α 角越小导向性越好，但摩擦力也越大。因此，大顶角用于大型或重型机床，小顶角用于轻载精密机床。

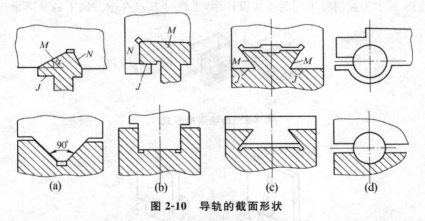

图 2-10 导轨的截面形状

（a）三角形导轨；（b）矩形导轨；（c）燕尾形导轨；（d）圆柱形导轨

②矩形导轨。如图 2-10（b）所示，矩形导轨靠两个彼此垂直的导轨面导向。矩形导轨具有承载能力大、刚度高、加工、检验和维修方便等优点；但由于存在侧面间隙，需用镶条调整，导向性差。

③燕尾形导轨。如图 2-10（c）所示，燕尾形导轨可承受颠覆力矩，间隙调整方便。但是刚度较差，摩擦阻力较大，加工、检验和维修都不大方便。

燕尾形导轨适用于受力小、层次多、要求间隙调整方便的场合,如铣床工作台、车床刀架等。

④圆柱形导轨。如图 2-10(d)所示,圆柱形导轨制造方便,工艺性好,但磨损后很难调整和补偿间隙。主要用于受轴向负荷的导轨(如摇臂钻床的立柱),应用较少。

(2)回转运动导轨的截面形状

回转运动导轨的截面形状有平面环形、锥面环形和双锥面导轨三种形式,如图 2-11 所示。

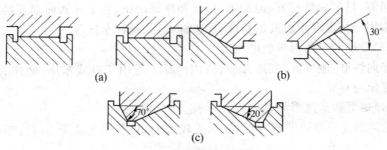

图 2-11　回转运动导轨

(a)平面环形导轨;(b)锥面环形导轨;(c)双锥面导轨

①平面环形导轨。如图 2-11(a)所示,它结构简单、制造方便、摩擦小、精度高,但只能承受较大的轴向载荷,因此必须与主轴联合使用,由主轴来承受径向载荷。

②锥面环形导轨。如图 2-11(b)所示,除承受轴向载荷外,还可以承受较大的径向载荷,但不能承受较大的颠覆力矩。导向性比平面环形导轨好,但制造较难。

③双锥面导轨。如图 2-11(c)所示,能承受较大的径向力、轴向力和一定的颠覆力矩,但工艺性差。

2.5.1.2　导轨的组合形式

机床通常采用两条导轨导向和承受载荷。根据载荷情况、导向精度、工艺性以及润滑、防护等方面的要求,可采用如下几种不同的组合形式(图 2-12)。

(1)双矩形导轨

如图 2-12(a)、(b)所示,刚性好,承载能力大,制造简单。但导向性差,磨损后不能自动补偿间隙。适用于重型机床和普通精度机床,如重型车床、升降台铣床、龙门铣床等。

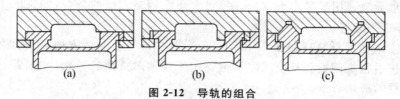

图 2-12　导轨的组合

（a）宽式双矩形导轨；（b）窄式双矩形导轨；（c）双三角形导轨

（2）双三角形导轨

如图 2-12（c）所示，不需要镶条调整间隙，导向精度高，磨损后能自动补偿间隙，精度保持性好；但加工、检验和维修困难，各个导轨面都要接触良好。常用于精度要求较高的机床，如坐标镗床、丝杠车床等。

（3）矩形和三角形导轨的组合

导向性好，刚度大，制造方便，应用广泛。适用于卧式车床、磨床、龙门刨床等床身导轨。

（4）矩形和燕尾形导轨的组合

这类组合的导轨调整方便，能承受较大力矩，多用在横梁、立柱、摇臂导轨中。

2.5.1.3　导轨间隙的调整

（1）镶条调整

镶条用来调整矩形导轨和燕尾形导轨的侧隙。镶条应放在导轨受力较小一侧。常用的镶条有平镶条和斜镶条两种。

①平镶条。平镶条截面为矩形或平行四边形，其厚度全长均匀相等。如图 2-13（a）、（b）所示，平镶条是靠沿长度方向均布的几个螺钉调整间隙，因只在几个点上受力，各处间隙不易调整均匀。这种镶条制造容易，但镶条易变形，刚度较低，目前应用较少。图 2-13（c）由螺钉 1 调整间隙，螺钉 3 将镶条 2 固定在动导轨上，这种镶条刚性好，装配方便，但调整麻烦。

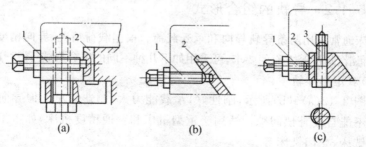

图 2-13　平镶条调整间隙装置

（a）矩形截面平镶条；（b）平行四边形平镶条；（c）梯形镶条

②斜镶条。斜镶条沿其长度方向有一定斜度，其斜度为 1∶40～1∶100。斜镶条的两个面分别与动导轨和支承导轨接触，刚度高。通过调整螺钉或修磨垫的方式轴向移动镶条，以调整导轨的间隙。如图 2-14 所示是使用修磨垫来调整间隙的。这种办法虽然麻烦些，但导轨移动时，镶条不会移动，可保持间隙恒定。

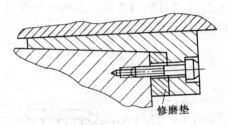

图 2-14　斜镶条的间隙调整

（2）压板调整

压板是用来调整间隙和承受颠覆力矩。压板用螺钉固定在运动部件上，用配刮或垫片来调整间隙。图 2-15 为矩形导轨的三种压板结构：2-15（a）采用磨或刮压板 3 的 d 面和 e 面来调整间隙。若间隙过大，则磨或刮 d 面；若间隙太小，则磨或刮 e 面。由于 d 面、e 面不在同一水平面，因此用空刀槽分开。这种方法制造简单，调整复杂。图 2-15（b）用改变垫片 1 的厚度或数目来调整间隙。这种方法调整比较方便，但调整量受垫片厚度限制，降低了结合面的接触刚度。图 2-15（c）是在压板和导轨之间用平镶条 2 调节间隙，这种方法调整方便，但刚性比前两种差。因此多用于需要经常调整间隙和受力不大的场合。

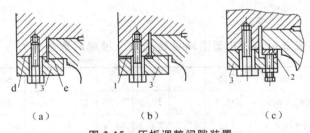

（a）　　　　　　　　（b）　　　　　　　　（c）

图 2-15　压板调整间隙装置

（a）磨或刮压板；（b）改变垫片厚度；（c）用螺钉调整平镶条厚度
1—垫片；2—镶条；3—压板

2.5.2　滚动导轨

导轨型摩擦面之间放置钢球等滚动体，使滑动摩擦变为滚动摩擦，形成滚动导轨。

2.5.2.1　滚动导轨副的工作原理

GGB 型直线循环式滚动导轨副如图 2-16 所示，支承导轨 1 用螺钉固定在支承件上。滑座 3 固定在移动部件上，沿支承导轨 l 做直线运动。滑座中装有四组滚珠 2，在支承导轨与滑座组成的直线滚道中滚动。当滚珠 2 滚动到滑座 3 的端部时，经合成树脂制成的端面挡球板 5、回球孔 4 回到另一端形成循环。

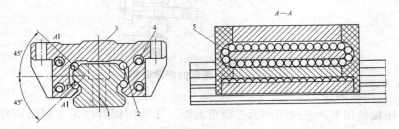

图 2-16　GGB 型直线循环式滚动导轨副原理图
1—支承导轨；2—滚珠；3—滑座；4—回球孔；5—挡球板

2.5.2.2　滚动导轨的设计

滚动导轨的设计计算是以在一定的载荷下移动一定距离，90% 的支承不发生点蚀为依据的。这个载荷称为额定动载荷 C，移动的距离称为滚动导轨的额定寿命。滚珠导轨副的额定寿命为 50 km，滚子导轨块的额定寿命为 100 km。GGB 型滚珠导轨的公称尺寸是支承导轨的宽度 B，承载能力见表 2-6。

表 2-6　GGB 型滚珠导轨副单个滑座的承载能力

公称尺寸 B/mm	16	20	25	32	40	50	63	45
额定动载荷 C/kN	7.4	12	17.3	24.5	32.5	52.4	77.3	32.5
额定静载荷 C_0/kN	11.2	17.5	25.3	54.4	44.9	70.2	100.9	44.6

注：规格 45 为非标系列。

滚动导轨设计时，可初选滚动导轨的型号，按公式计算预期寿命 L_m：

滚珠导轨
$$L_m = 50 \left(\frac{C f_1}{F f_2} \right) \geqslant 50 \text{ km}$$

滚子导轨
$$L_m = 100 \left(\frac{C f_1}{F f_2} \right) \geqslant 100 \text{ km}$$

式中，F 为单个滑块的工作载荷，N；f_1 为系数，$f_1 = f_H f_T f_C$；f_H 为硬度系数，当滚动导轨副硬度为 58～64HRC 时，$f_H = 1.0$，硬度 $\geqslant$ 55～58HRC 时，$f_H = 0.8$，硬度 $\geqslant$ 50～55HRC 时，$f_H = 0.53$；f_T 为温度系数，当工作温度 $\leqslant$ 100℃时，$f_T = 1$；f_C 为接触系数；f_2 为载荷/速度系数，无冲击振动、滚动导轨的移动速度 $v \leqslant 15$ m/min，$f_2 = 1 \sim 1.5$ 时，轻冲击振动、$v > 15 \sim 60$ m/min 时，$f_2 = 1.5 \sim 2$；重冲击振动、$v > 60$ m/min 时，$f_2 = 2 \sim 3.5$。

导轨设计时，也可根据额定寿命和工作载荷 F，计算出导轨副的额定动载荷 C，按额定动载荷 C 选择滚动导轨型号。额定动载荷 C 按下式计算

$$C = \frac{f_2}{f_1} F$$

如果工作静载荷 F_0 较大，则选择的滚动导轨的额定静载荷 $C \geqslant 2F_0$。

2.5.2.3 滚动导轨的预紧

为提高导轨的精度、刚度和抗振性，在滚动体与导轨面之间预加一定载荷，以增加滚动体与导轨的接触面积，减小导轨面平面度、滚子直线度以及滚动体直径不一致性等误差的影响，使大多数滚动体都能参加工作。不过预加载荷应适当，太小不起作用，太大不仅对刚度的增加不起明显作用，还会增加牵引力，降低导轨寿命。

整体型直线滚动导轨副由制造厂通过选配不同直径钢球的方法来进行调隙或预紧，用户可根据要求订货，一般不需用户自己调整。对于分离式直线滚动导轨副和各种滚动导轨块，一般采用调整螺钉、垫块或楔块来进行调隙或预紧。如在图 2-17 中，通过推拉螺钉 4、6 来调整楔铁 3 的位置，以达到预紧的效果。

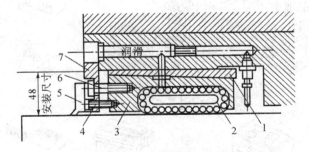

图 2-17 滚柱导轨块及预紧

1—楔块；2—标准导轨块；3—支承导轨楔块；

4、6—调整螺钉；5—刮屑板；7—楔块调整板

第3章　组合机床设计

组合机床是根据工件加工需要,以大量系列化、标准化的通用部件为基础,配以少量专用部件,对一种或数种工件按预先确定的工序进行加工的高效专用机床。组合机床能够对工件进行多刀、多轴、多面、多工位同时加工,可完成钻孔、扩孔、镗孔、攻螺纹、铣削、车孔端面等工序。

3.1　组合机床概述

3.1.1　组合机床的组成

图 3-1 所示为一台单工位双面复合式组合机床。加工时,刀具由电动机通过动力箱、多轴箱驱动作旋转主运动,并通过各自的滑台带动作直线进给运动。

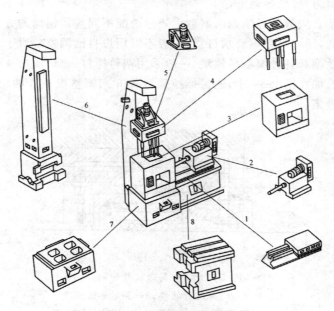

图 3-1　单工位双面复合式组合机床

1—滑台;2—镗削头;3—夹具;4—多轴箱;5—动力箱;6—立柱;

7—立柱底座;8—中间底座

组合机床与一般的专用机床相比具有以下特点：

①组合机床的通用零部件占整个机床的 70％～90％，故机床设计和制造周期短、投资少、经济效益好。

②组合机床便于产品更新。当加工对象改变时，它的通用零部件可以重复使用，组成新的组合机床。

组合机床与一般通用机床相比，具有以下特点：

①组合机床一般采用多轴、多刀、多面、多工位加工，生产效率和自动化程度比较高。

②由于采用专用刀具、夹具和导向装置，组合机床加工质量稳定，使用和维修方便。但组合机床的工艺适应性较通用机床差，结构不如专用机床紧凑，而且较复杂。

3.1.2　组合机床的类型

根据所选用的通用部件的规格以及结构和配置形式等方面的差异，将组合机床分为大型组合机床和小型组合机床两大类。本章只介绍大型组合机床及其设计。

3.1.2.1　具有固定夹具的单工位组合机床

单工位组合机床特别适合于加工大中型箱体类零件。在整个加工循环中，夹具和工件固定不动，通过动力部件使刀具从单面、双面或多面对工件进行加工（见图 3-2）。

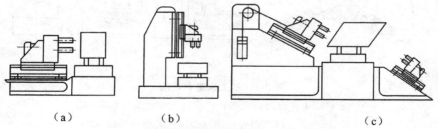

（a）　　　　　　（b）　　　　　　　　　　　　（c）

图 3-2　具有固定夹具的单工位组合机床

（a）卧式组合机床；（b）立式组合机床；（c）倾斜式组合机床

3.1.2.2　具有移动夹具的多工位组合机床

多工位组合机床的夹具和工件可按预定的工作循环，做间歇的移动或转动，以便依次在不同工位上对工件进行不同工序的加工。这类机床生产效率高,多用于大批量生产中对中小型零件的加工(图 3-3)。

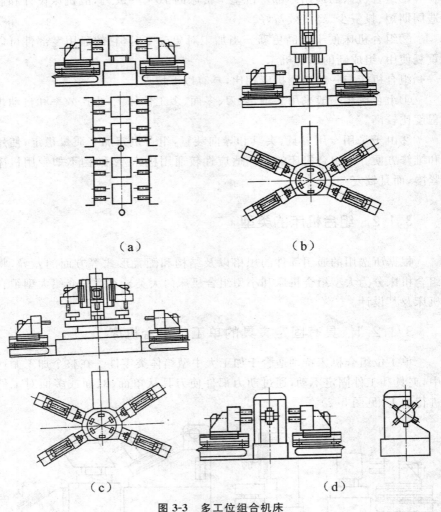

（a）　　　　　　　　　　　（b）

（c）　　　　　　　　　　　（d）

图 3-3　多工位组合机床

（a）移动工作台组合机床；（b）回转工作台组合机床；

（c）中央立柱式组合机床；（d）鼓轮式组合机床

3.1.2.3　转塔式组合机床

转塔式组合机床(见图 3-4)的特点是几个多轴箱安装在转塔回转工作台上,各个多轴箱依次转到加工位置对工件进行加工。

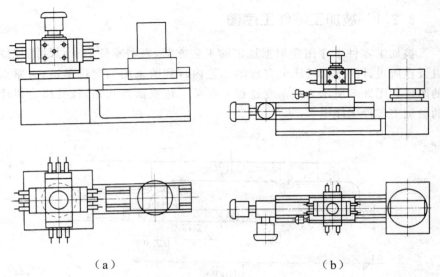

（a）　　　　　　　　　　　　（b）

图 3-4　转塔式组合机床

（a）工件进给转塔式组合机床；（b）转塔进给组合机床

　　转塔式组合机床可以完成一个工件的多工序加工，因而可以减少机床台数和占地面积，适用于中小批量生产的场合。

3.1.3　组合机床的工艺范围

　　组合机床主要加工箱体类零件，如气缸体、气缸盖、变速箱体和电动机座等。也可以完成如曲轴、飞轮、连杆、拨叉、盖板类零件加工。目前，组合机床在大批量生产的企业，如汽车、拖拉机、阀门、电机、缝纫机等行业已获得广泛的应用，此外，一些重要零件的关键加工工序，虽然生产批量不大，也可采用组合机床来保证其加工质量。

3.2　组合机床的总体设计

　　组合机床是由大量的通用零件和少量的专用部件所组成，为加工零件的某一道工序而设计的高效率专用机床，它要求加工的零件定型和具有一定的批量。为了表达组合机床设计的总体方案，在设计时要绘制被加工零件工序图、加工示意图、生产率计算卡和机床联系尺寸图，这在组合机床设计中简称为"三图一卡"设计。

3.2.1　被加工零件工序图

被加工零件工序图是根据选定的工艺方案，表明零件形状、尺寸、硬度以及在所设计的组合机床上完成的工艺内容和所采用的定位基准、夹紧点的图样。图 3-5 所示为汽车变速器上盖单工位双面卧式钻、铰孔组合机床的被加工零件工序图。

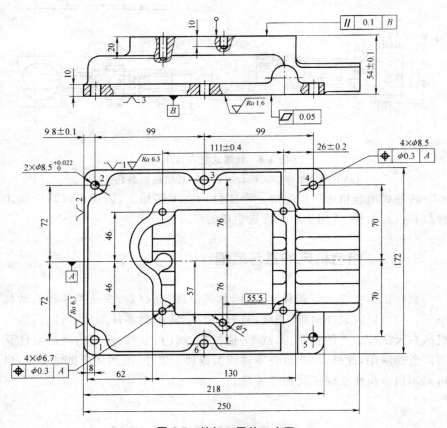

图 3-5　被加工零件工序图

3.2.1.1　被加工零件工序图的内容

被加工零件工序图应标注的内容包括：

①被加工零件的形状和主要轮廓尺寸及与本机床设计有关的部位的结构形状及尺寸。

②加工用定位基准、夹紧部位及夹紧方向，以便依此进行夹具的定位支承、夹紧和导向装置的设计。

③本道工序加工部位的尺寸、精度、表面粗糙度、位置尺寸等技术要求。

④必要的文字说明,如被加工零件的名称、编号、材料、硬度等。

3.2.1.2　绘制被加工零件工序图的规定

在绘制被加工零件工序图时,应注意以下几个问题:

①本工序的加工部位用粗实线绘制,其余部位用细实线绘制。

②加工部位的位置尺寸应由定位基准算起。当定位基准与设计基准不重合时,要进行换算。位置尺寸的公差不对称时,要换算成对称公差。

③对本机床保证的工序尺寸、角度下面画粗实线。

④加工时所用的定位基准、夹紧部位、夹紧方向及辅助支撑等需用符号表示。

3.2.2　加工示意图

加工示意图用来表示被加工零件在机床上的加工过程,刀具的布置以及工件、夹具、刀具的相对位置关系,机床的工作行程及工作循环等。图 3-6 为汽车变速器上盖孔双面钻(铰)加工示意图。

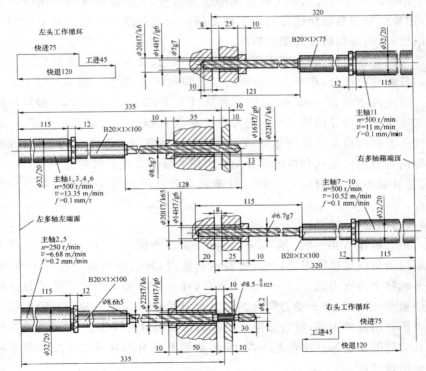

图 3-6　汽车变速器上盖孔双面钻(铰)加工示意图

3.2.2.1　加工示意图的内容

加工示意图应标注的内容：

①机床的加工方法、切削用量、工作循环和工作行程。

②工件、夹具、刀具及多轴箱之间的相对位置及其联系尺寸。

③主轴的结构类型、尺寸及外伸长度；刀具类型、数量和结构尺寸；接杆、浮动卡头、导向装置、攻螺纹靠模装置的结构尺寸；刀具与导向装置的配合，刀具、接杆、主轴之间的连接方式。

3.2.2.2　绘制加工示意图的有关计算

（1）选择刀具

根据工件的价格尺寸、精度、粗糙度、生产率以及其他方面的要求来选择刀具的类型、结构、尺寸。刀具锥柄插入接杆内的长度，在绘制加工示意图时应从刀具总长中减去。

（2）选择导向套

组合机床进行孔的加工除采用刚性主轴外，大多数情况都采用导向装置，用来引导刀具以保证刀具和工件之间的位置精度和提高刀具系统的支承刚度，从而提高机床的加工精度。

导向装置有两大类，即固定式导向和旋转式导向。固定式导向是刀具或刀杆的导向部分，在导向套内既转动又轴向移动，所以一般只适应于导向部分线速度小于 20 mm/min 时；当线速度大于 20 mm/min 时，一般应用旋转式导向。这种导向的导向套与刀具之间仅有相对滑动而无相对转动，以便减少磨损和持久地保持导向精度。根据回转部分安装的位置不同，旋转式导向可分为外滚式和内滚式导向。内滚式导向是把回转部分安装在镗杆上，并且成为整个镗杆的一部分；外滚式导向是把回转部分安装在导套的外面。

（3）初定切削用量

组合机床常用多轴、多刀、多面同时加工，在同一多轴箱上往往有许多种不同类型或规格的刀具，当按推荐值选取时，其切削用量可能各不相同，但多轴箱上所有刀具共用一个动力滑台，在工作时要求所有刀具的每分钟进给量都相同，且等于动力滑台的每分钟进给量。为此一般初选的切削用量在推荐用量的中值，然后按某一刀具的切削用量进行调整，尽可能使所有刀具的切削用量都在推荐范围内，使多轴箱上所有刀具进给速度都等于滑台进给速度。

选择切削用量时，要考虑刀具的使用寿命，至少要使刀具在一个班的工作时间或 4 个小时的操作时间内不必换刀。

（4）确定切削转矩、轴向切削力和切削功率

确定切削转矩、轴向切削力和切削功率是为了分别确定主轴及其他传动件尺寸、选择滑台及设计夹具、选择主电动提供依据。

采用高速钻头钻铸铁孔时

$$F=26Df^{0.8}\text{HBW}^{0.6} \tag{3-1}$$

$$T=10D^{1.9}f^{0.8}\text{HBW}^{0.6} \tag{3-2}$$

$$P=\frac{Tv}{9\,550\pi D} \tag{3-3}$$

式中，F 为轴向切削力，N；D 为钻头直径，mm；f 为每转进给量，mm/r；T 为切削转矩，N·mm；P 为切削功率，kW；v 为切削速度，m/min；HBW 为材料硬度。

采用高速钢扩孔钻扩铸铁孔时

$$F=9.2f^{0.4}a_{\text{p}}^{1.2}\text{HBW}^{0.6} \tag{3-4}$$

$$T=31.6Da_{\text{p}}^{0.75}f^{0.8}\text{HBW}^{0.6} \tag{3-5}$$

$$P=\frac{Tv}{9\,550\pi D} \tag{3-6}$$

式中，a_{p} 为背吃刀量，mm。其余同式（3-1）、式（3-2）及式（3-3）。

（5）计算主轴直径

强度条件下 45 钢质主轴的直径为

$$d\geqslant\sqrt[3]{\frac{16T}{[\tau]\pi}}=0.548\sqrt[3]{T} \tag{3-7}$$

按刚度条件计算时，主轴的直径为

$$d\geqslant\sqrt[4]{\frac{32T\times180\times1\,000}{G\pi^2[\theta]}}=B\sqrt[4]{T} \tag{3-8}$$

式中，d 为主轴直径，mm；T 为主轴所承受的转矩，N·mm；$[\tau]$ 为许用切应力，MPa，45 钢 = 31 MPa；B 为系数；$[\theta]$ 为允许的最大单位长度扭转角。当材料的剪切弹性模量 $G=8.1\times10^4$ MPa，刚性主轴 $[\theta]=0.25°/\text{m}$，$B=2.316$；非刚性主轴 $[\theta]=0.5°/\text{m}$，$B=1.948$；传动轴 $[\theta]=1°/\text{m}$，$B=1.638$。

（6）选取刀具接杆

为保证多轴箱上各刀具能同时到达加工终了位置，需要在主轴与刀具之间设置可调环节。

（7）确定加工示意图的联系尺寸

加工示意图联系尺寸的标注如图 3-6 所示。其中最重要的联系尺寸是工件端面到多轴箱端面之间的距离，它等于刀具悬伸长度、螺母厚度、主轴外伸长度与接杆伸出长度之和，再减去加工孔深。

（8）工作进给长度的确定

工作进给长度 l 等于刀具的切入值 l_1、加工孔深 l_2 及切出值 l_3 之和，如图 3-7 所示。

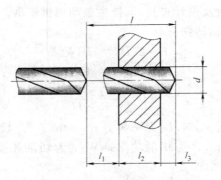

图 3-7　工作进给长度

3.2.3　机床联系尺寸图

机床联系尺寸图是用来表示机床的配置形式、机床各部件之间相对位置关系和运动关系的总体布局图。

如图 3-8 所示，机床联系尺寸图的内容包括机床的布局形式，通用部件的型号、规格，动力部件的运动尺寸和所用电动机的主要参数，工件与各部件间的主要联系尺寸，专用部件的轮廓尺寸等。

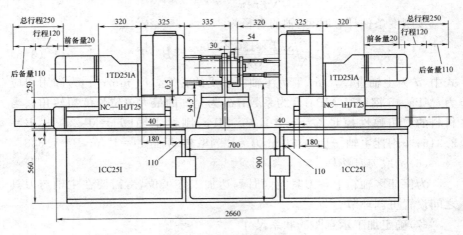

图 3-8　机床联系尺寸图

3.2.3.1　动力滑台的选取

（1）由驱动方式选取

采用液压驱动还是机械驱动的滑台，应根据液压滑台和机械滑台的性能特点比较，并结合具体的加工要求、使用条件等因素来确定。当要求进给速度稳定，工作循环不复杂，进给量固定时，可选用机械滑台。当选用进给量需要无级调速时，工件循环复杂，可选用液压滑台。

（2）由加工精度选取

"1"字头系类滑台分为普通、精密、高精度三种精度等级，根据加工精度要求，选用不同精度等级的滑台。

（3）由进给力选取

每一型号的动力滑台都有其最大允许的进给力，滑台所需的进给力可按下式计算

$$F_{多轴箱} = \sum_{i=1}^{n} F_i \tag{3-9}$$

式中，F_i 为各主轴所需的轴向切削力，N。

（4）由进给速度选取

每一种型号的动力滑台都规定有快速行程的最大速度和工作进给速度的范围。当选用机械滑台时，由于进给速度是有级调整，所以要按加工示意图中确定的每分钟进给速度来验算进给速度是否合适，如不符，则要以滑台上接近的进给速度来修正加工示意图中的进给速度。当选用液压滑台时，由于温度在使用过程中要升高以及液压元件制造精度等因素的影响，滑台的最小进给量往往不稳定。因此实际选用的进给速度要大于液压滑台许用的最小进给速度，尤其是精加工机床，实际进给速度一般应大于滑台规定的最小进给速度的 0.5～1 倍。

（5）由最大行程选取

选取动力滑台时，必须考虑其最大允许行程除应满足机床工作循环要求之外，还必须保证调整和装卸刀具的方便。这样所选取动力滑台的最大行程应大于或等于工作行程、前备量和后备量之和。

3.2.3.2　动力箱的选取

每种规格的动力滑台相应有一种动力箱与其配套，所以选取动力箱的宽度必须与滑台台面宽度相等。动力箱的规格主要依据主轴箱所需的电动机功率来选用，在主轴箱传动系统设计之前，可按下式估算

$$P_{多轴箱} = \frac{P_{切削}}{\eta} \tag{3-10}$$

式中，$P_{切削}$为消耗于各主轴的切削功率的总和，kW；η 为多轴箱的传动效率，加工黑色金属时取 0.8～0.9，加工有色金属时取 0.7～0.8；主轴数多、传动复杂时取小值，反之取大值。

当动力部件选好后，其他通用部件如侧底座、立柱、立柱底座等均可按动力滑台的规格配套选用。

3.2.3.3 确定机床装料高度

装料高度 H 一般是指机床上工件安装基面到地面垂直距离。组合机床标准中推荐的装料高度为 1 060 mm，与国际标准（ISO）一致。但根据所设计的机床具体情况在 850～1 060 mm 范围内选取。

3.2.3.4 确定夹具轮廓尺寸

夹具的轮廓尺寸是指夹具底座的轮廓尺寸即长、宽、高尺寸，它主要由工件的轮廓尺寸形状来确定。另外还要考虑到能布置工件的机构、夹紧机构、刀具导向位置的需求空间，并应满足排屑和安装的需要。夹具底座的高度尺寸，一方面要保证其有足够的刚度，同时要便于布置定位元件和夹紧机构，便于排屑。

3.2.3.5 确定中间底座尺寸

中间底座的轮廓尺寸要满足夹具在其上面连接安装的需要，中间底座长度方向尺寸要根据所选滑台和滑座及其侧底座的位置关系，由各部件联系尺寸的合理性来确定。一定要保证加工终了时，主轴箱前端面至工件端面的距离不小于加工示意图上要求的距离。另外还要考虑动力部件处于加工终了位置时，夹具外轮廓与主轴箱间应有便于机床调整、维修的距离。

在确定中间底座的宽度和高度方向轮廓尺寸时，应考虑切屑的贮存和排除，电气接线盒的安排以及冷却液的贮存。此外，在确定中间底座尺寸时，还应考虑中间底座的刚性。在初步确定中间底座长、宽、高轮廓后，应优先选用标准系列尺寸，以简化设计。

3.2.3.6 确定主轴箱轮廓尺寸

标准主轴箱由箱体、前盖和后盖三部分组成。对卧式多轴箱总厚度为 325 mm，立式多轴箱厚粒为 340 mm。

主轴箱宽度和高度尺寸如图 3-9 所示。在图中用点画线表示被加工工件，用实线表示多轴箱轮廓。多轴箱的宽度 B 和高度 H 可按下式计算

$$B = b_2 + 2b_1$$

$$H = h + h_1 + b_1$$

式中，b_2 为工件在宽度方向相距最远的两孔距离，mm；b_1 为最边缘主轴中心至箱外壁的距离，mm；h 为工件在高度方向相距最远的两孔距离，mm。

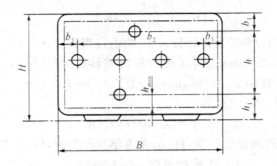

图 3-9　主轴箱轮廓尺寸的确定

其中，h_1 还与最低主轴高度 $h_{\min}$、机床装料高度 H、滑台总高 h_3、侧底座高度 h_4、调整垫高度 h_7 等尺寸有关。其中，$h_{\min} = 70.52$ mm，$H = 1000$ mm，$h_3 = 320$ mm，$h_4 = 560$ mm，$h_7 = 5$ mm。

对于卧式组合机床，h_1 要保证润滑油不致从主轴衬套处泄漏箱外，通常 $h_1 > 85 \sim 140$mm，得

$$h_1 = h_{\min} + H - (0.5 + h_3 + h_7 + h_4)$$

计算，得：$h_1 = 187.02$ mm，$b_2 = 212.33$ mm，$h = 186.48$ mm，若取 $b_1 = 100$ mm，则 $B = b + 2b_1 = 212.33 + 200 = 412.33$ mm，$H = h + h_1 + b_1 = 186.48 + 187.02 + 100 = 473.5$ mm。

按主轴箱轮廓尺寸系列标准，最后确定主轴箱轮廓尺寸为

$$B \times H = 630 \text{ mm} \times 500 \text{ mm}$$

3.2.4　生产率计算卡

生产率计算卡是反映所设计机床的工作循环过程、动作时间、切削用量、生产率、负荷率等的技术文件。机床的生产率 Q_1（件/h）按下式计算

$$Q_1 = 60/T_{单} = 60/(T_{切} + T_{辅}) \tag{3-11}$$

式中，$T_{单}$ 为单件工时，min；$T_{切}$ 为机加工时间，min，包括动力部件工作进给和固定挡铁停留时间 $t_{停}$，即

$$T_{切} = \frac{L_1}{v_{f1}} + \frac{L_2}{v_{f2}} + t_{停} \tag{3-12}$$

式中，L_1、L_2 为刀具的第Ⅰ、第Ⅱ工作进给行程长度，mm；v_{f1}、v_{f2} 为刀具的第Ⅰ、第Ⅱ工作进给量，mm/min；$t_{停}$ 为固定挡铁停留时间，一般为在动力部

件进给停止状态下,刀具旋转 5～10 圈所需的时间,min;$T_辅$ 为辅助时间,min,包括快进时间、快退时间、工作台移动或转位时间 $t_移$、装卸工件时间 $t_装$,即

$$T_辅 = \frac{L_3 + L_4}{v_{fk}} + t_移 + t_装 \qquad (3\text{-}13)$$

式中,L_3、L_4 为动力部件快进行程长度、快退行程长度,mm;v_{fk} 为动力部件的快速移动速度,mm/min;$t_移$ 为工作台移动或转位时间,min,一般为 0.05～0.13 min;$t_装$ 为装卸工件时间,min,一般为 0.5～1.5 min。

机床负荷率按下式计算

$$\eta = Q_1/Q = Q_1 t_k/A \qquad (3\text{-}14)$$

式中,Q 为机床的理想生产率,件/h;A 为年生产纲领,件;t_k 为年工作时间,h,单班制工作时 $t_k = 1\,950$ h,两班制 $t_k = 3\,900$ h。

机床负荷率一般以 65%～75% 为宜,机床复杂时取小值,反之取大值。

3.3 组合机床的多轴箱设计

多轴箱按结构特点分为通用(标准)多轴箱和专用多轴箱两大类。前者结构典型,能利用通用的箱体和传动件,孔的位置精度需要借助导向套引导刀具来保证;后者结构特殊,常采用刚性主轴结构,刀具不需要导向装置,孔的位置精度由专用多轴箱主轴和动力滑台导轨来保证。下面仅介绍通用多轴箱的设计。

3.3.1 绘制多轴箱设计原始依据图

多轴箱设计原始依据图的主要内容如下:

①根据机床联系尺寸图,绘制多轴箱外形图,并标注轮廓尺寸和驱动轴 O_1、定位销孔的坐标值。

②根据联系尺寸图和加工示意图,画出工件与多轴箱的对应位置尺寸,标注所有主轴约坐标值及工件轮廓尺寸。在原始依据图中应注意:多轴箱与工件的摆放位置,在一般情况下,工件在多轴箱前。工件和加工孔基本对称时,可选择箱体中垂线为纵坐标,图 3-10 所示为原始依据图;当工件及加工孔不对称时,纵坐标可选择在左销孔中心处,如图 3-11 所示。

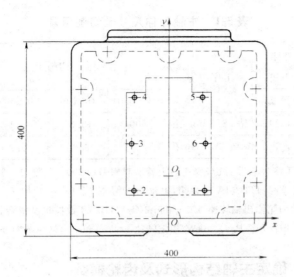

图 3-10　组合机床卧式多轴箱原始依据图

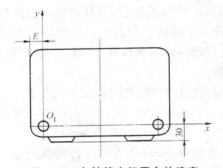

图 3-11　多轴箱坐标原点的确定

　　③标注各主轴的转速及旋转方向。绝大部分主轴为逆时针旋转（面对主轴看），故逆时针转向不标，只标顺时针转向主轴。

　　④列表说明各主轴的工序内容、切削用量及主轴的外伸尺寸。

　　⑤标明动力部件的型号及其性能参数。

　　图 3-10 所示为组合机床卧式多轴箱原始依据图；其余原始数据见表 3-1。

表 3-1　主轴外伸尺寸及切削用量

轴号	主轴外伸尺寸/mm		工序内容	切削用量			
	$D=d$	L		$n/(\text{r/min})$	$v/(\text{mm/min})$	$f/(\text{mm/r})$	$v_{\text{f}}/(\text{mm/min})$
1、4、6	30/20	115	钻 $\phi 8.5$ mm 孔	500	13.35	0.1	50
2、5	30/20	115	钻铰 $\phi 8.5H8$ 孔	250	6.68	0.2	50

注:1. 被加工零件名称:汽车变速器上盖。材料:HT200。硬度:1:75～255 HBW。

2. 动力部件型号:ITD25IA 动力箱,电动机型号 Y 100L—6,功率 $P=1.5$ kW,转速 $n=940$ r/min,动力箱输出轴转速 520 r/min;NC—1HJ25 I 数控机械滑台,交流伺服电动机型号 DKS04—ⅡB,功率 $P=1.5$ kW,额定转速 $n=750$ r/min,转速范围 0～2 400 r/min。

3.3.2　确定主轴结构形式及齿轮模数

一般情况下,根据工件加工工艺、刀具和主轴的连接结构、刀具的进给抗力及切削转矩来确定主轴的结构形式。钻削加工主轴,需承受较大的单向轴向力,故最好选用深沟球轴承和推力球轴承组合的轴承结构,且推力球轴承配置在主轴前端。

齿轮模数一般用类比法确定,也可以用下式估算

$$m \geqslant (30 \sim 32)\sqrt[3]{\frac{P}{zn}}$$

式中,m 为估算的齿轮模数,mm;P 为齿轮传糙的功率,kW;z 为一对啮合齿轮中的小齿轮齿数;n 为小齿轮转速,r/min。

多轴箱中的齿轮模数常用 2 mm、2.5 mm、3 mm、3.5 mm、4 mm 等。

3.3.3　多轴箱的传动系统设计

多轴箱传动系统的设计,就是通过一定的传动链,将动力箱输出轴的动力和运动传递到各主轴上,使其获得预定的转速和转向。传动系统设计的好坏,直接影响主轴箱的质量、通用化程度、制造工作量的大小及成本的高低。因此,对各种传动方案分析比较,从中得出最佳方案。

在设计传动系统时,要尽可能用较少的传动件,使数量较多的主轴获得预定的转速和转向。因此,在设计时仅用计算或作图的方法就难以达到要求,故一般都采用"计算、作图和试凑"相结合的办法来设计。拟定多轴箱传

动系统的方法是,一般首先分析主轴的位置,确定传动齿轮的齿数,再确定中间传动轴的位置和转速,最后用少量的传动轴将各中间传动轴与驱动轴连接起来。另外对于一些简单的、主轴数较少的多轴箱,可直接采用传动轴将主轴与驱动轴连接起来。

3.3.3.1　分析主轴位置

被加工零件上加工孔的分布大体可归纳为同心圆分布、直线分布和任意分布三种类型。所以,主轴箱中主轴的分布也相应地归纳为这三种类型。

图 3-12 分别示出了按单组同心圆分布和按多组同心圆分布的主轴情况。不论主轴的分布是均布还是不均布,转速相同或不相同,都可在同心圆圆心上设置一根传动轴,由其上的一个或几个齿轮来带动各主轴旋转。

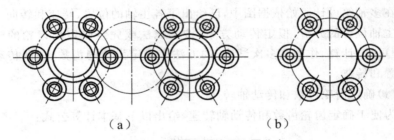

（a）　　　　　　　　　　（b）

图 3-12　主轴位置按同心圆分布

（a）主轴按双组同心圆分布;（b）主轴按单组同心圆分布

图 3-13 示出了按直线等距分布和按直线不等距分布的主轴情况。对于这类分布情况,可在两外侧主轴中心连线的垂直平分线上设置传动轴,由其上的一个或几个齿轮来带动各主轴旋转。

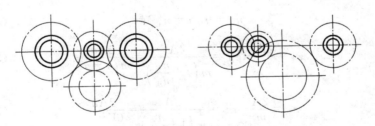

图 3-13　主轴位置按直线布置

（a）三主轴等距直线布置;（b）三主轴不等距直线布置

图 3-14(a)所示为任意分布的主轴。对于任意分布的主轴,可将靠近的主轴组成同心圆分布和直线分布,只有较远的主轴才单独处理。如图 3-14(b)所示,将主轴 1、2、3 和主轴 4、5、6 分别化为两组同心圆,将主轴 7、8 按直线分布。因此,任意分布的主轴是同心圆分布和直线分布的混合分布。

— **53** —

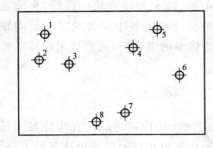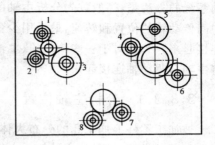

图 3-14　主轴位置任意分布

（a）主轴位置分布图；（b）主轴传动方案

3.3.3.2　确定齿轮齿数、中间传动轴的位置和转速

在多轴箱设计原始依据图中，已给出了各主轴的位置、转速和转向。通过对主轴位置的分析，拟定传动方案，按类比法或凭经验定出齿轮的模数后，便可按"计算、作图和多次试凑"的方法来确定齿轮的齿数、中间传动轴的位置和转速。

（1）确定齿轮齿数和传动轴转速

为便于确定齿轮齿数和传动轴转速，给出以下基本计算公式：

$$u = \frac{z_{主}}{z_{从}} = \frac{n_{从}}{n_{主}} \qquad (3\text{-}15)$$

$$A = \frac{m}{2}(z_{主} + z_{从}) = \frac{m}{2} S_z \qquad (3\text{-}16)$$

$$n_{主} = \frac{n_{从}}{u} = n_{从} \frac{z_{从}}{z_{主}} \qquad (3\text{-}17)$$

$$n_{从} = n_{主}\ u = n_{主} \frac{z_{主}}{z_{从}} \qquad (3\text{-}18)$$

$$z_{主} = \frac{2A}{m} - z_{从} = \frac{2A}{m\left(1 + \dfrac{n_{主}}{n_{从}}\right)} = \frac{2Au}{m(1+u)} \qquad (3\text{-}19)$$

$$z_{从} = \frac{2A}{m} - z_{主} = \frac{2A}{m\left(1 + \dfrac{n_{从}}{n_{主}}\right)} = \frac{2Au}{(1+u)} \qquad (3\text{-}20)$$

式中，u 为啮合齿轮副传动比；$z_{主}$、$z_{从}$ 分别为主动和从动齿轮齿数；S_z 为啮合齿轮副齿轮和；$n_{主}$、$n_{从}$ 分别为主动和从动齿轮转速，r/mm；A 为齿轮啮合中心距，mm；m 为齿轮模数，mm。

（2）传动路线的设计方法

当主轴数少且分散时，可以分别用中间传动轴将驱动轴和主轴联系起来。如图 3-15 所示，为联系驱动轴 0 与主轴 1、2 的三种传动方案，为使传动比合理，齿轮齿数在标准之内。图 3-15(c) 的方案较为合理，由作图确定的中心距和传动比来确定齿轮的齿数。

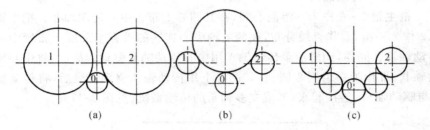

图 3-15　齿轮排列的三种方案

当主轴数量较多且较分散时，此时设计传动系统应先以主轴处着手，先将比较接近的主轴分为几组，选取若干中间轴分别带动各组主轴，在设计过程中要经过反复试凑和画图，才能最后确定齿轮的齿数和中间传动轴的位置，最后再将传动轴与驱动轴联系起来。排列齿轮时，要注意先满足转速最低及主轴间距最小的那一组主轴的要求。

3.3.3.3　用传动树形图来描述多轴箱传动系统

传动树形图（见图 3-16）是一种用简单线条来描述多轴箱传动系统的图形。传动树形图中的"树梢"表示各个主轴。"树枝"以定向边代表各轴之间的传动副，并以箭头表示传动顺序。从图中可以看出：将主轴 1～11 分别分为 1～4，5～7，8、9，10、11 四组，分别由中心传动轴 12～15 传动。中心传动轴 12、15 中，又分为传动轴 13、14 和传动轴 12、15 两组，分别由传动轴 16、17 传动。最后由向驱动轴合拢的传动轴 18 与驱动轴 0 连接起来。

根据定向边的箭头，就可以清楚地看出系统的传动路线。

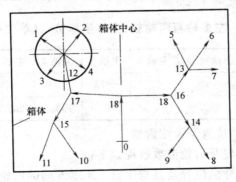

图 3-16　传动树形图

— 55 —

3.3.3.4 汽车变速器上盖钻铰孔机床左多轴箱传动系统的拟定

（1）拟定传动路线

把主轴 3~6 作为一组同心圆，在其圆心上布置中心传动轴 Ⅱ。把主轴 1、2 作为一组，看作直线分布，在两主轴中心连线的垂直平分线上布置中心传动轴 Ⅲ。同样，润滑油泵传动轴 Ⅳ 用中心传动轴 Ⅱ 驱动。然后，将中心传动轴 Ⅱ、Ⅲ 作为一组同心圆，在其圆心上用传动轴 Ⅰ 驱动。最后，将传动轴 Ⅰ 与驱动轴 O_1 连接起来，形成左多轴箱的传动系统（见图 3-17）。

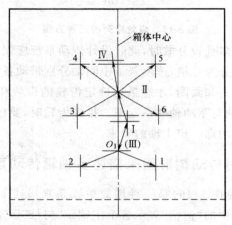

图 3-17　汽车变速器上盖钻铰孔机床左多轴箱传动系统的传动树形图

（2）确定驱动轴、主轴位置

驱动轴的高度由动力箱联系尺寸图中查出：距箱体底面为 124.5 mm。根据汽车变速器上盖钻铰孔机床左多轴箱原始依据图（见图 3-10），算出驱动轴、主轴坐标值，见表 3-2。

表 3-2　左多轴箱驱动轴、主轴坐标值　（单位：mm）

坐标	左销孔	驱动轴 O_1	主轴 1	主轴 2	主轴 3	主轴 4	主轴 5	主轴 6
x	−175	0	72	−72	−76	−70	70	76
y	0	94.5	64.5	64.5	163.5	262.5	262.5	163.5

（3）确定传动轴位置及齿轮齿数

确定传动轴位置及齿轮齿数过程如下：

①确定传动轴 Ⅱ 的位置及其与主轴 3、4、5、6 间的齿轮副齿数。传动轴 Ⅱ 的位置为主轴 3~6 同心圆的圆心，由于主轴 3 与 6、4 和 5 对称，所以传

动轴 Ⅱ 的横坐标为 0。设传动轴 Ⅱ 的纵坐标为 y_2，则

$$70^2 + (262.5 - y_2)^2 = 76^2 + (y_2 - 163.5)^2$$

$$y_2 = 213 - \frac{146}{33} = 208.576$$

中心传动轴 Ⅱ 与主轴 3、4、5、6 的轴心距为

$$A_{\text{Ⅱ}-3} = \sqrt{70^2 + (262.5 - 208.576)^2}\ \text{mm} = 88.362\ \text{mm}$$

多轴箱的齿轮模数按驱动轴齿轮估算

$$m \geqslant 32 \times \sqrt[3]{\frac{P}{zn}} = 32 \times \sqrt[3]{\frac{1.5}{19 \times 520}}\ \text{mm} = 1.71\ \text{mm}$$

多轴箱输入齿轮模数取 $m_1 = 3$ mm，其余齿轮模数取 $m_2 = 2$ mm。主轴 3～6 齿轮副的齿数和为 88。由于主轴 3、4、6 的转速是主轴 5 的两倍，为采用最佳传动比，主轴 3、4、6 采用升速传动，$i_{\text{Ⅱ}-3} = 1.41$；主轴 5 采用降速传动，$i_{\text{Ⅱ}\sim5} = 1.41^{-1}$，齿轮齿数 z 分别为 36、52；52 齿的大齿轮变位，变位系数 $\xi = 0.181$，以尽量减少变位齿轮个数。传动轴 Ⅱ 的转速为 $n_{\text{Ⅱ}} = 500/1.41$ r/min = 353 r/min。

② 确定传动轴 Ⅲ 的位置及其与主轴 1、2 间的齿轮副齿数为简化结构，取传动轴 Ⅲ 的坐标值为 (0, 94.5)，与驱动轴重合，则传动轴 Ⅲ 与主轴 1、2 的轴心距 $A_{\text{Ⅲ}\sim1}$ 为

$$A_{\text{Ⅲ}-1} = \sqrt{72^2 + (94.5 - 64.5)^2}\ \text{mm} = 78\ \text{mm}$$

传动轴 Ⅲ 与主轴 1、2 间传动副的齿数和为 78，齿轮齿数分别为 32、46，传动轴 Ⅲ 的转速为 $n_{\text{Ⅲ}} = 500/1.41$ r/min = 353 r/min。

③ 确定传动轴 Ⅰ 的位置及其与驱动轴、传动轴 Ⅱ、Ⅲ 间齿轮副的齿数。驱动轴 O_1 的直径为 $d_{O_1} = 30$ mm，由《机械零件设计手册》知，图 3-18 所示齿轮 $t = 33.3$ mm，当 $m_1 = 3$ mm、$\delta = 2m_1$ 时，驱动轴上最小齿轮齿数为

$$z_{\min} \geqslant 2\left(\frac{t}{m_1} + 2 + 1.25\right) - \frac{d_{O_1}}{m_1} = 2\left(\frac{33.3}{3} + 2 + 1.25\right) - \frac{30}{3} = 18.7$$

取驱动轴齿轮齿数为 19。

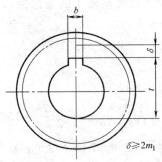

图 3-18　齿轮的最小壁厚

显然，传动轴 I 的直径也应为 30 mm，这样，驱动轴至传动轴 I 的轴心距离 $A_{O_1 \sim I}$ 最小为 57 mm。为减少传动轴的种类，传动轴 II、III 的直径也取 30 mm。由于传动轴 II、III 的转速为 $n_{II} = n_{III} = 353$ r/min，则驱动轴至传动轴 II（或 III）的传动比为

$$i_{O_1 \sim II} = i_{O_1 \sim III} = \frac{353}{520} = \frac{1}{1.473}$$

当 $m_2 = 2$ mm 时，传动轴 I 上最小齿轮齿数为

$$z_{min} \geqslant 2\left(\frac{33.3}{3} + 2 + 1.25\right) - \frac{30}{2} = 24.8$$

取 $z_{min} = 25$，则传动轴 II（或 III）上从动齿轮齿数为

$$z'_{I \sim II} = z'_{I \sim III} = 25 \times 1.473 \approx 37$$

传动轴 I、II（或 III）的轴心距为

$$A_{I \sim II} = A_{I \sim III} = \frac{m_2}{2}(z_{min} + z'_{I \sim II}) = \frac{2}{2}(25 + 37) \text{ mm} = 62 \text{ mm}$$

由于 $A_{O_1 \sim I} < A_{I \sim III}$，必须进行微量调整。驱动轴与传动轴 I 间的齿轮副齿数调整为 19、21，中心距为 60 mm，传动比为 $i_{O_1 \sim I} = \frac{19}{21} = \frac{1}{1.105}$；传动轴 I、II（或 III）的传动比变为

$$i_{I \sim II} = i_{I \sim III} = \frac{1}{1.473} \times 1.105 = \frac{1}{1.333}$$

传动轴 II（或 III）上从动齿轮齿数变为

$$z'_{I \sim II} = z'_{I \sim III} = 25 \times 1.333 \approx 34$$

传动轴 I、II（或 III）的轴心距变为

$$A_{I \sim II} = A_{I \sim III} = \frac{m_2}{2}(z_{min} + z'_{I \sim II}) = \frac{2}{2}(25 + 34) \text{ mm} = 59 \text{ mm}$$

传动轴 I、III 间齿轮副中的大齿轮采用变位齿轮或将从动齿轮的齿数变为 35，使中心距变为 60 mm。

确定传动轴 I 的位置。设传动轴 I 的坐标为 (x_1, y_1)，则

$$\begin{cases} x_I^2 + (208.576 - y_I)^2 = 59^2 \\ x_I^2 + (y_I - 94.5)^2 = 60^2 \end{cases}$$

两等式相减，得

$$114.076 \times (303.076 - 2y_I) = -119$$

$$y_I = \frac{119}{2 \times 114.076} + \frac{303.076}{2} = 152.050$$

$$x_I = \sqrt{59^2 - (208.576 - 152.050)^2} = 16.91$$

传动轴 I 与驱动轴、传动轴 II、III 之间两两存在位置关系，因而可对传

动轴 I 的坐标值进行调整,以利于加工,提高传动轴 I 的位置精度。传动轴 I 的坐标值圆整为(17,152)。其真实的轴心距分别为

$$A_{O_1 \sim I} = \sqrt{17^2 + (152 - 94.5)^2} \text{ mm} = 59.960 \text{ mm}$$

$$A_{I \sim III} = \sqrt{17^2 + (208.576 - 152)^2} \text{ mm} = 59.076 \text{ mm}$$

④确定润滑油泵轴 IV 的位置。润滑油泵轴 IV 直接由传动轴 II 上的 36 齿的齿轮驱动,$R12-1A$ 润滑油泵推荐转速为 $n = 550 \sim 800$ r/min,因而,传动比为 $i_{II \sim IV} = \dfrac{550 \sim 800}{353} = 1.56 \sim 2.26$,则润滑油泵轴齿轮齿数为

$$z'_{II \sim IV} = \frac{36}{1.56 \sim 2.26} = 16 \sim 23$$

取 $z'_{II \sim IV} = 22$,润滑油泵的理论转速为

$$n = 353 \times \frac{36}{22} \text{ r/min} = 577 \text{ r/min}$$

润滑油泵轴 IV 与传动轴 II 的轴心距为

$$A_{II \sim IV} = \frac{2}{2} \times (36 + 22) \text{mm} = 58 \text{ mm}$$

润滑油泵轴 IV 的齿轮与主轴 5 的齿轮在同一横截面上,应避免齿顶干涉。为计算方便,设两齿轮齿顶圆在 x 坐标轴上的投影不干涉,即两齿轮齿顶圆半径之和不大于主轴 5 与润滑油泵轴 IV 的横坐标之差。设润滑油泵轴 IV 的横坐标值为 x_{IV},则

$$x_{IV} = 70 - \frac{2}{2}(52 + 22) - 2 \times 2 = -8$$

取 $x_{IV} = -10$,则润滑油泵轴 IV 的纵坐标为 y_{IV}

$$y_{IV} = 208.576 + \sqrt{58^2 - 10^2} = 265.707$$

⑤确定手柄轴。由于传动轴 I 转速较高,用传动轴 I 兼作调整手柄轴,对刀或机床调整时较为省力。

各传动轴的坐标值见表 3-3。各传动副的中心距及其齿轮齿数见表 3-4。

表 3-3　传动轴的坐标值(单位:mm)

传动轴编号	轴 I	轴 II	轴 III	轴 IV
(x_j, y_j)	(17,152)	(0,208.576)	(0,94.5)	(−10,265.707)

表 3-4　传动副的中心距及齿轮齿数

轴距代号		$A_{O_1\sim I}$	$A_{I\sim III}$	$A_{I\sim II}$	$A_{II\sim 3}$	$A_{II\sim IV}$	$A_{II\sim 4}$	$A_{III\sim 1}$
中心距值/mm		59.960	59.960	59.075	88.362	58	88.362	78
主动齿轮	z	19	25	25	52	36	36	46
	ξ	0	0	0	0.181	0	0	0
从动齿轮	z	21	34	34	36	22	52	32
	ξ	−0.013	0.48	0.037	0	0	0.181	0

注：$A_{II\sim 4}$、$A_{II\sim 6}$ 与 $A_{II\sim 3}$ 相同；$A_{III\sim 2}$ 与 $A_{III\sim 1}$ 的主、从动齿轮相反。

⑥验算各主轴的转速。使各主轴转速的相对转速损失在 ±5% 以内。

$$n_1 = 520 \times \frac{19}{21} \times \frac{25}{34} \times \frac{46}{32} \text{ r/min} = 497 \text{ r/min}$$

$$n_2 = 520 \times \frac{19}{21} \times \frac{25}{34} \times \frac{32}{46} \text{ r/min} = 240 \text{ r/min}$$

$$n_{3,4,6} = 520 \times \frac{19}{21} \times \frac{25}{34} \times \frac{52}{36} \text{ r/min} = 500 \text{ r/min}$$

$$n_5 = 520 \times \frac{19}{21} \times \frac{25}{34} \times \frac{36}{52} \text{ r/min} = 240 \text{ r/min}$$

$$n_{IV} = 520 \times \frac{19}{21} \times \frac{25}{34} \times \frac{36}{22} \text{ r/min} = 566 \text{ r/min}$$

（4）绘制传动系统图

传动系统图是表示传动关系的示意图，如图 3-19 所示。组合机床主轴数量多，为使传动系统图传动路线清晰可辨，必须标出传动齿轮在多轴箱箱体内的轴向位置。一般情况下，多轴箱箱体内腔可排放两排 32 mm 宽，或三排 24 mm 宽的齿轮，第一排距箱体前壁 4.5 mm；第三排或 32 mm 宽齿轮第二排距箱体后壁 9.5 mm，齿轮的间隔距离为 2 mm。动力箱齿轮和驱动轴齿轮为第四排。汽车变速器上盖钻铰孔左多轴箱传动系统图中，液压泵驱动齿轮 $z'_{II\sim III}$ 必须为第一排，故 $z_{II\sim 5}$、$z'_{II\sim 5}$ 和 $z_{III\sim 2}$、$z'_{III\sim 2}$ 皆为第一排齿轮；齿轮 $z_{II\sim 3}$、$z'_{II\sim 3}$、$z'_{II\sim 4}$、$z'_{II\sim 6}$ 和 $z_{III\sim 1}$、$z'_{III\sim 1}$ 为第二排齿轮；$z_{I\sim II}$、$z'_{I\sim II}$、$z'_{I\sim III}$ 为第三排齿轮。标出齿轮的齿数、模数、变位系数，以校验轴距是否正确。

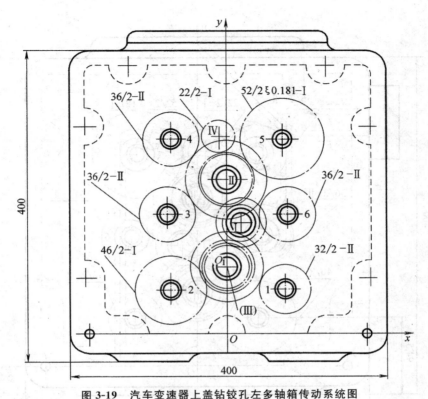

图 3-19 汽车变速器上盖钻铰孔左多轴箱传动系统图

驱动轴齿轮：$19/3 \sim$ Ⅳ。轴Ⅰ齿轮：$21/3\xi -0.013-$ Ⅳ，$25/2-$ Ⅲ。

轴Ⅱ齿轮：$34/2\xi\ 0.037-$ Ⅲ；$52/2\xi\ 0.181-$ Ⅱ；$36/2-$ Ⅰ。

轴Ⅲ齿轮：$34/2\xi\ 0.480-$ Ⅲ；$32/2-$ Ⅰ；$46/2-$ Ⅱ。

3.3.4 绘制多轴箱总图

通用多轴箱的总图由主视图、展开图、装配表和技术要求等四部分组成。主视图和展开图如图 3-20、图 3-21 所示。

主视图主要表明多轴箱的主轴、传动轴位置及齿轮传动系统。因此，绘制主视图就是在设计的传动系统图上，画出润滑系统，标出主轴、润滑油泵轴的转向，最低主轴高度及径向轴承的外径，以检查相邻孔的最小壁厚。

展开图主要表示主轴、传动轴上各零件的装配关系。图中各个零件应按比例画出。展开图上还应标出箱体厚度和内腔有联系的尺寸。

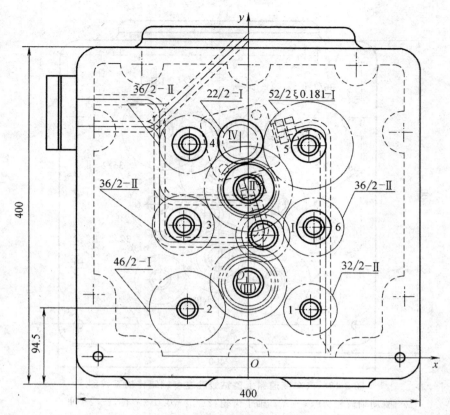

图 3-20　汽车变速器上盖钻铰孔多轴箱主视图

驱动轴齿轮：19/3—Ⅳ。轴Ⅰ齿轮：21/3ξ—0.013—Ⅳ，25/2—Ⅲ。

轴Ⅱ齿轮：34/2ξ 0.037—Ⅲ；52/2ξ 0.181—Ⅱ，36/2—Ⅰ。

轴Ⅲ齿轮：34/2ξ 0.480—Ⅲ；32/2—Ⅰ；46/2—Ⅱ。

传动轴轴承型号：32206，外形尺寸 30×62×21。

主轴轴承型号：6004、51204，外形尺寸 20×42×12、20×40×14。

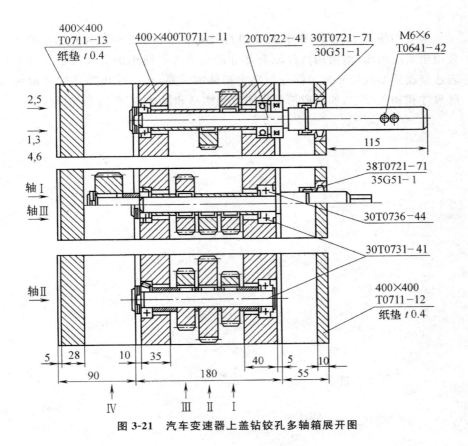

图 3-21 汽车变速器上盖钻铰孔多轴箱展开图

3.3.5 多轴箱零件设计

多轴箱中的零件大多数是通用件、标准件和外购件,需要设计的零件图,只有少量的变位齿轮、专用轴、套及箱体补充加工图。

变位齿轮,专用轴、套等零件的设计与一般零件的设计方法相同。必须使视图完整合理,尺寸正确,标注出要求的公差和表面粗糙度、材料、热处理方法、硬度和技术条件等。

多轴箱箱体类零件(前盖、箱体、后盖等)的铸件是通用的,但由于加工对象不同,必须在通用箱体零件上补充加工各轴承孔。因此,必须在原有多轴箱轮廓基础上绘制出补充加工图,以表示多轴箱在原通用件上必须再加工的轴承孔的形状、尺寸、公差。

有时根据设计要求,局部地方要修改模型并进行补充加工,如在箱体上须铸有两个凸台,以便安装托架、支撑杆,这时要绘制修改模型及补充加

— 63 —

工图。

为了方便加工，在绘图时，对要进行补充加工和修改模型补充加工的部分用粗实线画出，而通用铸件原有部分的轮廓等一律用细实线表示。为了表达修改模型或补充加工部分与整个箱体的关系，还应注出箱体的外形轮廓尺寸和相关尺寸，如需取消原来图上的图形和尺寸，需要特别加以注明。

第4章　机床夹具设计

机床夹具是机械加工工艺系统的一个重要组成部分。工件在机床上进行加工时，为了保证工件某一工序加工需求，必须使工件在机床上相对刀具的切削或成形运动处于准确的相对位置，我们将这一过程称之为定位。为了避免在切削过程中受到外力作用而影响定位的准确性，因此还需要设置一个夹紧装置。定位和夹紧两装置统称为装夹，实现工件装夹的工艺设备称为机床夹具，如车床上使用的三爪卡盘、铣床上使用的平口虎钳等，都属于机床夹具。

4.1　常用的通用夹具

4.1.1　车床夹具

车床夹具一般都装在车床主轴上并随其带动工件回转。车床上除使用顶尖、三爪自定心卡盘、四爪单动卡盘、花盘等通用夹具外，常按工件的加工需要，设计一些专用夹具。

图 4-1 所示为花盘角铁式车床夹具，工件 6 以两孔在圆柱定位销 2 和削边销 1 上定位，底面直接在夹具体 4 的角铁平面上定位。两个螺钉压板分别处于两定位销孔旁将工件夹紧。导向套 7 用来引导加工轴孔的刀具。8 是平衡块，用以消除回转时的不平衡。夹具上还设置有轴向定位基面 3，它与圆柱定位销保持确定的轴向距离，以控制刀具的轴向行程。该夹具以主轴外圆柱面作为安装定位基准。

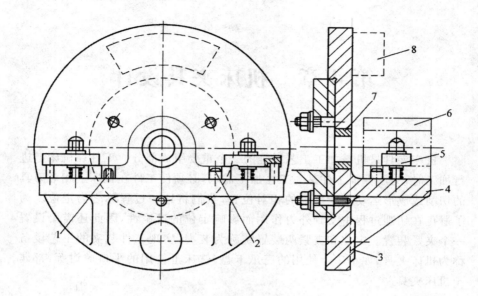

图 4-1 花盘角铁式车床夹具

1—削边销；2—圆柱定位销；3—轴向定程基面；4—夹具体；
5—压块；6—工件；7—导向套；8—平衡块

4.1.2 铣床夹具

铣床夹具的种类很多，按工件的进给方式，可以分为以下三类：

4.1.2.1 直线进给式铣床夹具

通常直线进给式的铣床夹具安装在直线进给运动的铣床工作台上。图 4-2 所示为料仓式铣床夹具，工件先装在料仓 5 里，由圆柱销 12 和削边销 10 对工件 $\phi22$ mm 和 $\phi10$ mm 两孔和端面定位。然后将料仓装在夹具上，利用圆柱销 12 的两圆柱端 11 和 13，及削边销 10 的两圆柱端分别对准夹具体上对应的缺口槽 8 和 9。最后拧紧螺母 1，经钩形压板 2 推动压块 3 前进，并使压块上的压块孔 4 套住料仓上的圆柱端 11。继续向右移动压块，直至将工件全部夹紧。

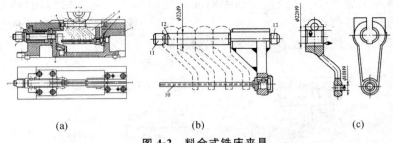

(a)　　　　　　　　　(b)　　　　　　　　　(c)

图 4-2　料仓式铣床夹具

(a)料仓式铣床夹具总体结构；(b)料仓结构；(c)工件

1—螺母；2—钩形压板；3—压块；4、6—压块孔；

5—料仓；7—夹具体；8、9—缺口槽；10—削边销；

11、13—圆柱端；12—圆柱销

4.1.2.2　圆周进给式铣床夹具

圆周进给式铣床夹具主要用于立式圆工作台铣床或鼓轮式铣床等。加工时，机床工作台作回转运动。这类夹具大多是多工位或多件夹具。

4.1.2.3　靠模铣床夹具

靠模铣床夹具是指在铣床上用靠模铣削工件的夹具，可以用来加工所需要的成形曲面，扩大了机床的工艺用途。

4.1.3　钻床夹具

在钻床上进行工件加工时所用的夹具称为钻床夹具，也称之为钻模。钻模上均设置钻套，用以保证被加工孔的位置精度。在机床夹具中，钻模占有相当的比例，类型也很多。下面只介绍其中的两种。

4.1.3.1　固定式钻模

在加工一批工件的过程中，位置固定不动的钻模称为固定式钻模。固定式钻模在使用过程中，钻模板的位置固定不动，一般用于摇臂钻床、镗床、多轴钻床上。在立式钻床上安装钻模时，首先将安装在主轴上的钻头插入到钻套中，用以校正钻模的位置，然后再将其固定。这样做不仅能够减少钻套的磨损，还可以保证钻模的孔的位置精确度。

图 4-3 所示的钻模是用来加工工件上 $\phi 12h8$ 的孔的。图 4-3(b)是零件加工孔的工序简图。如图 4-3(a)所示，定位法兰 4 以及 $\phi 68h6$ 短外圆柱面

和其肩部端面 B′为定位面，扳动手柄 8 借助圆偏心凸轮 9 的作用，通过拉杆 3 与转动开口垫圈 2 夹紧工件。反方向扳动手柄，拉杆在弹簧 10 的作用下松开工件。快换钻套 5 是用来导引刀具的。

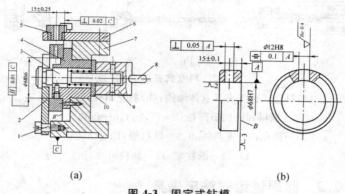

图 4-3　固定式钻模

1—螺钉；2—转动开口垫圈；3—拉杆；

4—定位法兰；5—快换钻套；6—钻模板；

7—夹具体；8—手柄；9—圆偏心凸轮；10—弹簧

4.1.3.2　回转式钻模

在钻削加工中，回转式钻模使用得较多，它用于加工工件上同一圆周上的平行孔系，或加工分布在同一圆周上的径向孔系。回转式钻模的基本形式有立轴、卧轴和斜轴三种。工件随着分度转位部分转动。

图 4-4 所示是在轴类工件的圆周上钻三个相隔 90°孔的卧轴式回转式钻模，工件以小圆柱面及端面在夹具上定位。转动手柄 5，通过夹紧螺钉 4 将工件夹紧。为了控制工件每次转动的角度，必须设有回转分度盘和对定销装置。回转分度盘 3 的转轴上，开有相隔 90°的三条定位槽与工件上（或夹具上的钻套）的三个孔相对应。对定销 16 在弹簧 14 的作用下紧紧插入定位槽中。当钻好第一个孔后，转动滚花螺母 12，对定销 16 以及固定于销轴上的小销 13 一起转动，依靠套筒 15 上端面的斜面作用将对定销 16 从定位槽中拔出，将回转分度盘 3 回转 90°；当滚花螺母回转到原位时，定位销便插入第二个定位槽中，转动锁紧螺母 17，使回转分度盘和夹具体 1 的接触面上产生摩擦力，把分度盘牢牢锁紧在夹具体上，以防止回转分度盘在加工过程中产生振动，这样便可钻第二个孔。依此，先松开锁紧螺母，再拔销、分度、插销、锁紧，就可继续钻下一个孔。

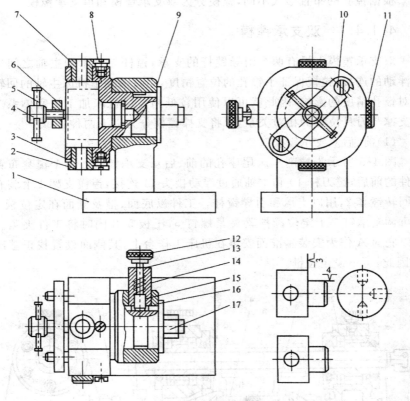

图 4-4　回转式钻模

1—夹具体;2、7—钻套;3—回转分度盘;4—夹紧螺钉;

5—手柄;6—回转压板;8—止动螺钉;9—垫圈;10—螺钉;

11—钻套;12—滚花螺母;13—小销;14—弹簧;15—套筒;

16—对定销;17—锁紧螺母

　　上例是一个专用的回转式钻模。目前,除了大批量生产或因特殊需要须自行设计专用回转式钻模外,为了缩短设计周期,提高工艺装备的利用率,通常将夹具的回转分度部分设置为标准回转工作台,若要加工其他工件,只需要将标准回转工作台拆下并换上其他的夹具即可。

4.1.4　镗床夹具

　　镗床夹具也称为镗模,主要用于加工箱体或者支座类零件上的精密孔与孔系。它主要由镗模底座、支架、镗套、镗杆以及其他的定位与夹紧装置组成。镗模与钻模相似,它们都是依靠专门的导引元件来保证镗孔的位置精确。

根据镗套的布置形式不同,镗模分为双支承镗模和单支承镗模。

4.1.4.1 双支承镗模

双支承镗模上设有两个引导镗杆的支承,镗杆与机床的主轴之间也采用浮动的连接,镗模保证了镗孔的位置精度,同时消除了机床主轴的回转误差对镗孔精度的影响,因此就可以使用较低精度的机床加工精密体系。根据支撑与刀具位置的相对关系,可将支撑镗模分为以下两种。

(1)前、后双支承镗模

图 4-5 所示为镗削车床尾座孔的前、后双支承镗模。两个镗套布置在工件的前后,镗刀杆 10 和主轴通过浮动接头 11 连接,镗模支架 1 上装有滚动回转镗套 2,用以支承和引导镗杆。工件以底面、槽及侧面在定位板 3、4 及可调支承钉 7 上定位。拧紧夹紧螺钉 6,压板 5、8 同时将工件夹紧。镗模以底面 A 作为安装基准面安装在机床工作台上,其侧面设置找正基准面 B,因此,可不设定位键。

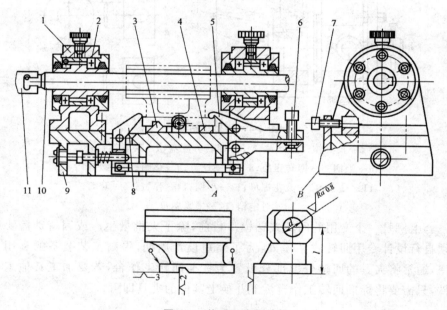

图 4-5　前后双支承镗模

1—支架;2—镗套;3、4—定位板;5、8—压板;6—夹紧炼钉;

7—可调支承钉;9—镗模底座;10—镗刀杆;11—浮动接头

前、后双支承镗模的应用极为广泛,目前主要用于镗削孔径较大、孔的长径比 $L/D > 1.5$ 的通孔或孔系,或一组同轴线的孔,而且孔本身和孔间距离精度要求很高的场合。

但是前、后双支承镗模也有一定的缺点,如镗杆较长,刚性不够好,更换刀具不方便。当镗套间距 $L > 10d$ 时,应增加中间引导支承,提高镗杆刚度。

(2)后双支承镗模

在有些条件下,前、后双支撑模结构不适用时,就可以采用后双支承镗模。如图 4-6 所示为后双支承导向镗孔示意图,两支承设置在刀具后方,镗杆与主轴浮动连接。为避免镗杆悬伸量过长,保证镗杆刚性,一般镗杆悬伸量 $L_1 < 5d$;为保证镗孔精度,两支承导向长度 $L > (1.25 \sim 1.5)L_1$。后双支承镗模可以在箱体的一个壁上镗孔,可以方便地装卸工件与刀具,也非常方便操作者进行观察,在大量生产中应用较多。

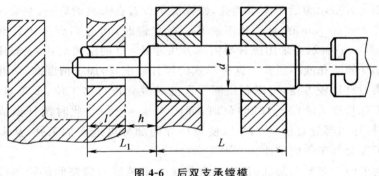

图 4-6 后双支承镗模

4.1.4.2 单支承镗模

这类镗模只有一个位于刀具前方或后方的导向支承,镗杆与机床主轴之间采用刚性的连接,主轴回转的精度影响了镗孔的精度,因此比较适用于小孔与短孔的加工。根据支撑相对于刀具的位置,可将单支撑镗模分为以下两种。

(1)前单支承镗模

如图 4-7 所示为前单支承导向镗孔,它的镗模支撑设置在刀具的前方,一般用于加工孔径 $D > 60$ mm、$L/D < 1$ 的通孔。一般镗杆的导向部分直径 $d < D$。由于导向部分直径不受加工孔径大小的影响,可以在同一镗杆上使用多把刀具进行多工位或多工步加工。另外,由于镗套处于刀具前方,便于在加工中观察和测量。但在立镗时,切屑容易落入镗套,使镗套与镗杆过早磨损或发热咬死,故应设置防护罩。

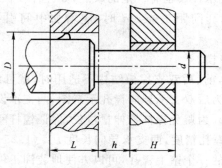

图 4-7　前单支承镗孔

（2）后单支承镗模

图 4-8 所示为后单支承镗孔,镗模支承设置在刀具的后方,主要用于加工孔径 $D<60$ mm 的通孔和不通孔。在立镗时,切屑不会落入镗套。其中,图 4-8(a)所示为采用镗杆导向部分尺寸 $d>D$ 的结构形式,主要用于镗削 $L<D$ 的通孔或不通孔。这种形式的镗杆刚度好,加工精度高,装卸工件和更换刀具比较方便,可以利用同一尺寸的镗套进行多工位、多工步加工。当加工孔长度 $L=(1\sim1.25)D$ 时,如图 4-8(b)所示,此时镗杆做成等直径,镗杆导向部分直径 $d<D$,以使镗杆导向部分可进入加工孔,从而有效缩短了镗套与工件间的距离。

为了便于测量与装卸刀具,通常将单支承镗模与镗套间的距离设置为 $h=(0.5\sim1)D$,其值为 $20\sim80$ mm。

工件在精度较高的镗床进行镗孔时,夹具上没有设置镗模支承,此时加工孔的位置精度由镗床保证。这类夹具只需设计定位装置、夹紧装置和夹具即可。

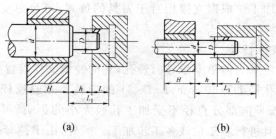

(a) (b)

图 4-8　后单支承导向镗孔

(a)镗 $d>D$,$L<D$ 的孔；(b)镗 $L=(1\sim1.25)D$ 的孔

4.2　夹具定位机构设计

4.2.1　工件的定位

在制定工件的工艺规程时,已经初步考虑了加工中的工艺基准问题,有时还绘制了工序简图,设计夹具时原则上应选取该工艺基准作为定位基准。无论是工艺基准还是定位基准,均应符合六点定位原理。

4.2.1.1　六点定位原理

物体在三维空间中可能具有的运动,称之为自由度。在 $OXYZ$ 坐标系中,物体可以有沿 X、Y、Z 轴的移动及绕 X、Y、Z 轴的转动,共有六个独立的运动,即有六个自由度。而工件的定位就是采用适宜的约束方法来消除六个自由度,从而实现工件的定位。

所谓六点定位原理就是采用一定的规则布置约束点,从而限制工件的六个自由度,以实现全面的定位。

4.2.1.2　六点与六位支承点的分布

在分析工件定位问题时,理论上是用定位点来限制其自由度,用适当分布的六个定位点就可以限制工件的六个自由度。当工件的六个自由度都需要限制时,六个定位点如何合理地布置才能正确地限制工件的六个自由度呢? 现以图 4-9 为例进行说明,在 XOY 坐标平面内,设置图示的三个定位点 1、2、3,当工件的底面与该三点接触时,则工件沿 Z 轴方向的轴向自由度和绕 X 轴、Y 轴角度方位的角向自由度就被限制,即限制了三个自由度。然后在加 Z 坐标平面内,沿平行于 Y 轴的方向设置两个定位点 4、5,当工件侧面与该两点相接触时,则工件沿 X 轴方向的轴向自由度和绕 Z 轴角度方位的角向自由度也被限制,即限制了两个自由度。再在 XOZ 坐标平面内设置一个定位点 6,当工件的另一侧面与该点相接触时,则工件沿 Y 轴方向的轴向自由度也被限制,即限制了一个自由度。用图中如此设置的六个定位点,来分别限制工件的六个自由度,从而确保了工件在空间上的位置的确定,称为六点定位原则。

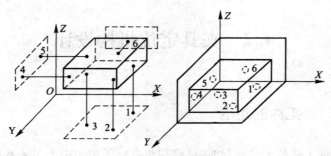

图 4-9 六点与六位支承点的分布

4.2.2 典型的定位方法及定位元件和装置的选择

工件在夹具中定位,主要是通过各种类型的定位元件来实现的。同时,在分析工件定位原理时,为了简化问题,便于理论分析,我们引入了定位支承点这一概念。为此,应主要解决两个问题:①定位支承点如何转化为定位元件或者定位元件上的限位基面如何转化成支承点?②掌握常用的定位方法及其选用的定位元件或装置。定位方法和定位元件的选择包括定位元件的结构、形状、尺寸及布置形式等,主要取决于工件的加工要求、工件的定位基准和外力的作用状况等因素。

为此在夹具设计中可根据需要选用各种类型的定位元件。

4.2.2.1 工件以平面定位时的定位元件

工件以平面作为定位基准时,所用的定位元件一般可分为主要支承和辅助支承两类。主要支承用来限制工件的自由度,具有独立定位的作用;辅助支承用来加强工件的支承刚性,不起限制工件自由度的作用。夹具设计中常采用的平面定位元件有固定支承、可调支承、自位支承以及辅助支承。通常前三者在工件定位中起主要支撑,起着定位作用。

(1)固定支承

在夹具体上,支撑点的位置固定不变的定位元件称之为固定支承,主要有各种支承钉和支承板,如图 4-10、图 4-11、图 4-12 所示。

①固定支承钉。如图 4-10 所示,在使用过程中,三种类型的支承钉都是固定不动的,其应用实例如图 4-11 所示。

②圆头支承钉。图 4-10(a)所示支承钉也称为 B 型支承钉或球头支承钉;一般用于加工平面上的粗基准定位,以保证接触点的位置相对稳定。

③锯齿头支承钉。也称为 C 型齿纹头支承钉,齿纹能增大摩擦系数,

常用于要求摩擦力大的工件侧平面粗基准定位用[图 4-10(b)]。

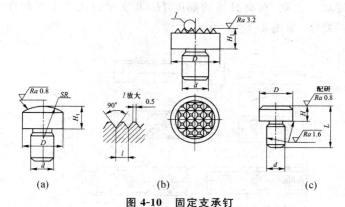

图 4-10　固定支承钉

(a)圆头支承钉；(b)锯齿头支承钉；(c)平头支承钉

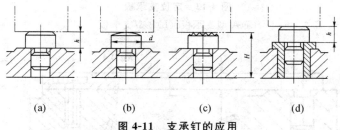

图 4-11　支承钉的应用

(a)平顶支承钉；(b)圆顶支承钉；(c)花纹顶面支承钉；(d)带衬套支承钉

④平头支承钉。也称为 A 型支承钉，因与定位基面接触面积大，不易磨损，主要用于工件上已加工平面的支承(用于精基准中)[图 4-10(c)]。

⑤支承板。如图 4-12 所示。

图 4-12(a)为 A 型支承板，其结构简单、制造方便。安装时固定螺钉的头部比支承板的定位平面低 1～2 mm，孔边切屑不易清除干净，故适用于工件的侧平面和顶面定位。

图 4-12(b)为 B 型支承板，该支承板是带有排屑槽的斜槽支承板，切屑易于清除，适用于底面定位(精基准定位用)。

工件以精基准平面定位时，为保证所用的各平头支承钉或支承板的工作面等高，装配后，需将它们的工作平面一次磨平，且与夹具底面保持必要的位置关系，如图 4-13 所示。

支承板通常用 2～3 个 M6～M12 的螺钉将其紧固在夹具体之上。在受力较大的情况下，应该加设圆锥销或者将支撑板嵌入到夹具体槽内。

工件以精基准作为平面定位时所用的平头支承钉或支承板，一般在其安装到夹具体上后,应进行最终磨削,以使位于同一平面内的各支承钉或支承板保持等高。否则,对夹具体的高度 H_1 及支承钉或支承板的高度 H 的公差应严格要求,如图 4-13 所示。

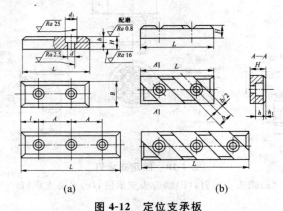

图 4-12　定位支承板

(a)A 型支承板;(b)B 型支承板

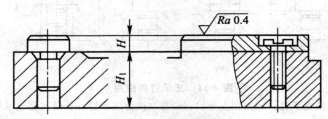

图 4-13　支承的等高要求

(2)可调支承

又称为调节支承。在工件定位过程中,夹具体上支承钉的高度(支承点的位置)需要手动来调节的定位元件(支承)称为可调支承,如图 4-14、图 4-15 所示,其应用如图 4-16、图 4-17 所示。可调支承的结构已经标准化,它们的组成均采用螺钉、螺母形式,并通过螺钉与螺母的相对运动来实现支承点位置的调节。当支承点高度调整好以后,必须通过锁紧螺母锁紧。

图 4-14 所示中的球头可调支承、锥头可调支承、自位可调支承属于支承高度可调节的支承,以保证工序有足够和均匀的加工余量。可调支承主要用于以下 3 种情况:

①工件的定位安装基面是毛坯面时,至少应设置一只可调支承。当毛坯精度不高,而又以粗基准定位时,若采用固定支承,由于毛坯尺寸不稳定,将引起工件上要加工表面的加工余量发生较大的变化,影响加工精度。例如图 4-16 所示的箱体零件的加工,第一道工序是铣顶面。这时,以未经加

工的箱体底面作为粗基准来定位。由于毛坯质量不高,因此对于不同批毛坯而言,其底面至毛坯孔中心尺寸 L 发生的变化量 ΔL 很大,使加工出来的各批零件,其顶面到毛坯中心孔的距离发生由 H_1 到 H_2 的变化,其中 $H_2 - H_1 = \Delta L$。

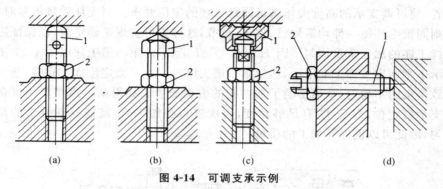

(a)　　　　　　(b)　　　　　　(c)　　　　　　(d)

图 4-14　可调支承示例

(a)球头可调支承;(b)锥头可调支承;(c)自位可调支承;(d)侧向可调支承

1—支承钉;2—锁紧螺母

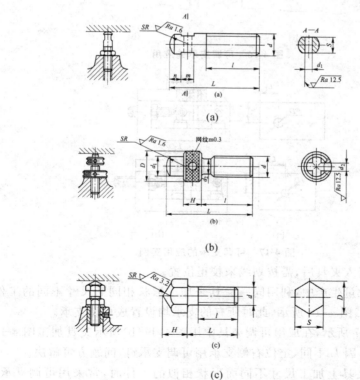

图 4-15　可调支承钉

这样,以后以顶向定位镗孔时,就会像图 4-17 中实线孔所表示的那样,使镗孔余量偏在一边,加工余量极不均匀。更为严重的是,使单边没有加工余量。因此,必须按毛坯的孔心位置划出顶面加工线,然后根据这一划线的线痕找正,并调节与箱体底面相接触的可调支承,使其高度调节到找正位置,使可调支承的高度大体满足同批毛坯的定位要求。当毛坯质量极差时,则同批毛坯每一件均需划线、找正、调节,这样方可实现正确定位,以保证后续工序的加工余量均匀。因 H 有误差 ΔL,当工件第一道工序以图 4-17 所示下平面定位加工上平面,然后第二道工序再以上平面定位加工孔时,会导致余量的不均匀,从而影响了加工孔的表面质量。如果第一道工序用可调支承钉定位,保证 H 有足够精度,再次进行孔加工时,就能保证余量的均匀,因此可以确保孔加工的质量。

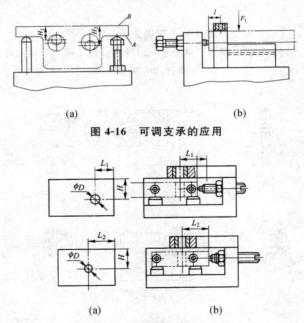

图 4-16　可调支承的应用

图 4-17　可调支承的应用实例

②工件置入夹具后,需按划线来校正位置。

③在小批量生产中,利用同一夹具来加工形状相同而尺寸不同的工件时,如图 4-17、图 4-18 所示,此时所有的支承均设置成可调支承。

如图 4-17 所示,在成组可调夹具中用图 4-17(b)所示夹具加工图 4-17(a)所示工件,因 L 不同,定位右侧支承用可调支承钉,问题方可解决。

在同一夹具上加工尺寸不同而形状相似的工件时,常采用可调支承。如图 4-17(b)所示,在轴上钻径向孔。对于孔到端面距离不等的工件,只需调整支撑钉的伸出长度,就可以普遍适用。

可调支承与固定支撑唯一区别是可调支撑的顶端有一个调整范围,调整完毕后使用螺母锁紧。在工件的定位基面比较复杂,每一批次毛坯的尺寸、形状有较大的变化时,经常采用这类支撑。可调支承一般对一批毛坯只调整一次。

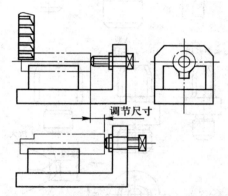

图 4-18　使用可调支承加工不同尺寸的零件

由于篇幅有限,这里将不介绍自位支承与辅助支撑。

4.2.2.2　工件以圆孔表面定位时的定位元件

工件以圆孔表面定位属于中心定位,定位基准为圆孔或圆锥的中心线。在夹具设计中常采用的定位元件有圆柱销、菱形销、圆锥销、圆柱芯轴和锥度芯轴等。常用的定位方法和定位元件如下:

(1)以外圆柱面定位工件的圆柱孔

若工件采用长外圆柱面作定位元件,则限制工件的 4 个自由度;如采用短外圆柱面作定位元件,则限制 2 个自由度。前者的定位元件常用定位芯轴,后者常用定位销。

①圆柱定位销。圆柱定位销(以下简称为定位销)有固定式、可换式和插销式。图 4-19 为固定式定位销,A 型称圆柱销,B 型称菱形销。直接用过盈配合装在夹具体上。夹具体上应有沉孔,使定位销的圆角部分沉入孔内而不影响定位。为了便于定位销的更换,可采用可换式定位销(图 4-20)。其结构采用图 4-21 所示的带衬套的结构形式,并用螺母拉紧以承受径向力和轴向力。

定位销的工作部分直径可按 $g5$、$g6$、$f6$、$f7$ 制造,定位销与夹具体的配合可用 $H7/r6$、$H7/n6$,衬套与夹具体选用过渡配合 $H7/n6$,其内径与定位销为间隙配合 $H7/h6$、$H7/h5$。

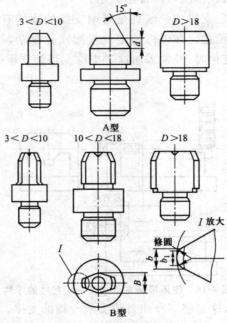

图 4-19　固定式定位销

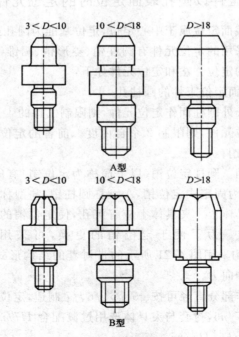

图 4-20　可换式定位销

图 4-22 为插销式定位销,主要用于定位基准孔,是加工表面本身的定位。使用时,待工件装好后取下。

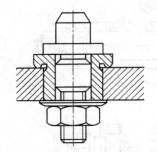

图 4-21 可换式定位销的结构

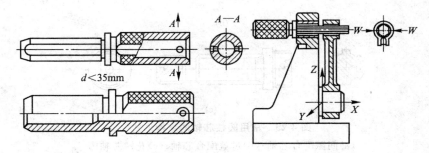

$d<35\text{mm}$

图 4-22 插销式定位销

②圆柱芯轴。图 4-23 所示为常用的几种圆柱芯轴的结构形式。

图 4-23(a)为间隙配合芯轴。芯轴的限位基面一般按 $h6$、$g6$ 或 $f7$ 制造,其优点是装卸简单但是精度不高。为减少因配合间隙而造成的工件倾斜,常需要通过孔和端面的联合定位,因此需要工件定位孔与定位端面间以及芯轴限位圆柱面与限位端面间都具有较高的垂直度。

图 4-23(b)为过盈配合芯轴,由引导部分 1、工作部分 2 和传动部分 3 组成。引导部分的作用是使工件迅速而准确地套入芯轴,其直径 d_3 按 $e8$ 制造,d_3 的公称尺寸等于工件孔的下极限尺寸,其长度约为工件定位孔长度的一半。工作部分的直径按 $r6$ 制造,其公称尺寸等于孔的上极限尺寸。当工件定位孔的长度与直径之比 $L/d>1$ 时,芯轴的工作部分应略带锥度。这时,直径 d_1 按 $r6$ 制造,其公称尺寸等于孔的上极限尺寸;直径 d_2 按 $h6$ 制造,其公称尺寸等于孔的下极限尺寸。这种芯轴制造简单、定心准确、不用另设夹紧装置,但装卸工件不便,易损伤工件定位孔,因此,多用于定心精度要求高的精加工。

图 4-23(c)是花键芯轴,主要用于加工以花键孔作为定位的工件。当

工件定位孔的长径比 $L/d>1$ 时,工作部分可略带锥度。在进行花键芯轴的设计时,应该根据工件的不同定心方式来确定定位芯轴的结构,其配合可参考上述两种芯轴。

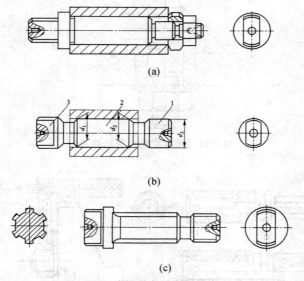

图 4-23 常用圆柱芯轴的结构形式

(a)间隙配合芯轴;(b)过盈配合芯轴;(c)花键芯轴图

1—引导部分;2—工作部分;3—传动部分

芯轴在机床上的常用安装方式如图 4-24 所示。

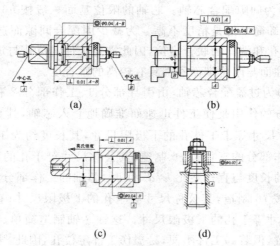

图 4-24 芯轴在机床上的常用安装方式

③菱形销。菱形销有 A 型和 B 型两种结构,采用一面两孔定位时,与

圆柱销配合使用,圆柱销起定位作用,而菱形销起定向作用(详细情况在一面两孔定位中介绍)。其结构尺寸已经标准化,可查手册进行选用。

(2)以圆锥面定位工件的圆柱孔

①圆锥定位销。圆锥定位销(简称圆锥销)常见结构如图 4-25 所示。图 4-25(a)用于圆柱孔为粗基准面,图 4-25(b)用于圆柱孔为精基准面。采用圆锥定位销消除了孔与销之间的间隙,定心精度高,装卸工件方便。圆锥定位销限制了工件的 $\vec{X}$、$\vec{Y}$、$\vec{Z}$ 三个自由度。

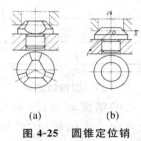

(a)　　　　(b)

图 4-25　圆锥定位销

一般情况下,工件在单个圆锥销上进行定位时很容易发生倾斜,因此需要圆锥销与其他定位元件相互组合来定位,如图 4-26 所示。图 4-26(a)为圆锥—圆柱组合芯轴,锥度部分的作用是准确定位,圆柱部分的作用是减少工件倾斜。图 4-26(b)以工件底面作为主要定位基面,采用活动圆锥销,只限制 $\vec{X}$、$\vec{Y}$ 两个自由度,即使工件的孔径变化较大,也能准确定位。图 4-26(c)为工件在双圆锥销上定位,左端固定锥销限制 $\vec{X}$、$\vec{Y}$、$\vec{Z}$ 三个自由度,右端为活动锥销,限制 $\hat{Y}$、$\hat{Y}$ 两个自由度。以上三种定位方式均限制工件的五个自由度。

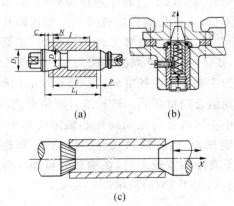

(a)　　　　(b)

(c)

图 4-26　圆锥销组合定位

②锥度芯轴也称为小锥度芯轴。如图 4-27 所示,工件在锥度芯轴上定

位,并靠工件定位圆孔与芯轴限位圆锥面的弹性变形夹紧工件,限制工件的五个自由度。

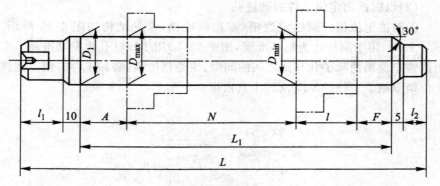

图 4-27　圆锥销定位

采用这种方式进行定心的精度较高,一般可以达到 $\phi 0.005 \sim 0.01$ mm。但是它也有着轴向位移误差大的缺点,工件在芯轴上的轴向位置视工件定位基准孔的实际尺寸和芯轴的工作表面的锥度 K 而定;另一缺点是工件易倾斜。为克服上述缺点,常采取以下措施:①当基准孔的长径比 $l/d >$ 1.5 时,可采用图 4-26(a)所示的圆锥—圆柱组合芯轴。②减小锥度 K,使定位副的实际接触长度增加,以减少工件倾斜,或采用图 4-26(b)所示的组合定位。

此外,还有工件以圆锥孔为定位、工件以外圆柱表面定位,限于篇幅,这里将不再展开讨论。

（3）工件以组合表面定位时的定位元件

如果工件以两个或两个以上表面作定位基面时,夹具定位元件也必须相应地以组合表面限位,这就是组合定位方式。如内圆柱孔与端面联合限位、圆锥与圆柱组合芯轴,以及长方体工件的定位等,都属于一般的组合定位。在组合定位中,要区分各基准面的主次关系。一般情况下,以限制自由度数多的定位表面为主要的定位基准面。一般有以下几种组合定位形式:

①圆柱孔与端面组合定位形式。这种组合定位形式以工件表面与定位元件表面接触的大小不同可分为大端面短芯轴定位和小端面长芯轴定位。前者以大端面为主定位面,后者以内孔为主定位面,如图 4-28(a)、(b)所示。当孔和端面的垂直度误差较大时,在端面处可加一球面垫圈作自位支承,以消除定位影响,如图 4-28(c)所示。

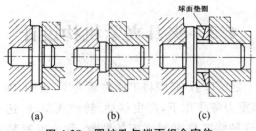

图 4-28　圆柱孔与端面组合定位

②一面两孔组合定位形式。对于箱体、盖板等类型零件,既有平面,又有很多内孔,故它们的加工常用一面两孔来组合定位。这样可以在一次装夹中加工尽量多的工件表面,实现基准统一,有利于保证工件各表面之间的相互位置精度。

图 4-29 为插床变速箱体简图,需在镗孔夹具上完成镗五列平行孔系。工件以底面 A 及两个轴线互相平行且垂直于底面的 $2 \times D$ 孔作为定位基面,这种组合定位方式,在加工箱体、杠杆、盖板、气缸体等零件时应用得很普遍。一般来说,工件上的双孔既可以是结构上原有的,也可以是定位所需要的专门设计的工艺孔。本例以原有的经铰光后改善其精度及表面粗糙度的螺钉孔作为定位基准。采用一面双孔定位,容易实现工艺过程中的基准统一,从而保证了工件加工的位置精度。

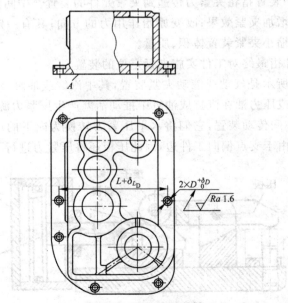

图 4-29　插床变速箱体

4.3 夹具夹紧机构设计

工件在夹具上定位以后,必须将工件夹紧夹牢,否则,加工中就会在切削力、运动惯性力和重力等作用下,产生移动、转动或颤动,达不到加工尺寸和形位精度要求。这种将工件夹紧夹牢的装置,称为夹紧装置。机床上的附件,如各种夹紧卡盘、机用台虎钳、螺钉压板和专用夹具等,都是夹紧装置。

4.3.1 夹紧装置的组成和要求

4.3.1.1 夹紧装置的组成

夹紧装置主要由三个部件组成,分别是力源装置、中间传动装置和夹紧元件。

力源装置指的是进行夹紧作用力的装置,作用力的源泉有人力、气动力、液动力、电动力、真空力和电磁力等。人力夹紧也称为手动夹紧,其他夹紧则称为机动或自动夹紧。

中间传动装置指将夹紧力传递到夹紧元件的装置。中间传动装置可以将力源放大,增加夹紧效果;改变原始作用力的方向;具有一定的自锁性等作用,同时可缩小夹紧装置体积、质量。

夹紧元件指最终对工件实施夹紧定位的装置。

图 4-30 所示是气动或液动夹紧装置,其中汽缸或油缸、活塞是力源装置,压缩空气或压力油在汽缸或油缸中推动活塞产生压紧力源。活塞杆、斜楔和滚子是中间传动装置,它们将水平压紧力转换为向下的压紧力。压板是夹紧元件,由于支点偏向工件边,因此压板还将压紧力进行了放大。

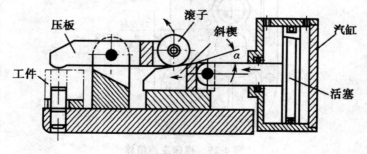

图 4-30 机动夹紧装置

4.3.1.2 夹紧装置的要求

①夹紧要可靠,有助于定位,不能破坏工件的正确定位。加工时工件不得产生振动。夹紧力大小要以工件变形或压伤不超出允许的范围为原则。

②合理选择夹紧力传递方式和夹紧元件。在保证生产率的前提下,夹紧装置尽量简单、紧凑,易制造维修。夹紧动作准确、快捷、操作方便、安全省力,并有足够的夹紧行程。尽量选择通用化、标准化和规格化的夹紧机构。

4.3.2 夹紧力确定

夹紧力确定要考虑方向、作用点和大小。

4.3.2.1 夹紧力方向

夹紧力方向应垂直于主要定位基准面,即该力是主要夹紧力。工件的主要定位基准面一般面积较大,精度较高,限制的不定度多,夹紧力垂直作用于此面上,有利于保证工件的准确可靠定位。

如图 4-31 所示,L 形工件的立面上镗孔,孔与左端面有垂直度要求。因此主要定位基准面应为工件左端面,与夹具立面 A 接触限制三个自由度,故夹紧力方向应垂直于工件左端面。如果夹紧力方向改为垂直于工件底面,即夹具 B 面,则一旦施加夹紧力,可能因为工件夹角与夹具夹角误差,造成工件左端面不能贴紧夹具 A 面,加工后孔与左端面垂直度要求就难于保证。

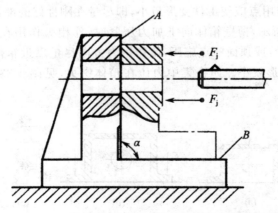

图 4-31 夹紧力方向垂直于主要定位基准面

夹紧力方向应使夹紧力尽量小,这样可以减少对工件的损伤,减轻工人劳动强度,提高生产率。

如图 4-32 所示,由于夹紧力 Q 方向与刀具重力 P 和切削力 G 方向一致,所以仅用较小 Q 力就可以达到工件夹紧的目的。

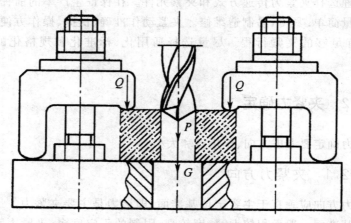

图 4-32　夹紧力尽量小的压紧

4.3.2.2　夹紧力作用点

夹紧力作用点指夹紧元件与工件相接触的一部分面积。选择夹紧力作用点的位置和数目,应考虑工件定位稳定可靠,防止夹紧变形,确保工序的加工精度。

①夹紧力作用点应尽量在支承面的中心,以保持工件定位稳定,不致引起工件产生位移或偏转。

②夹紧力作用点应使工件变形最小,即尽量在刚性好的部位。

如图 4-33 所示,薄壁箱体向下加力压紧时,作用力作用在刚性好的沿上,见图 4-33(b),或顶面三点施压,使作用力方向尽量靠近箱体立面,见图4-33(c),工件变形就小。如将集中力压在箱体中央,见图 4-33(a),则工件变形大。

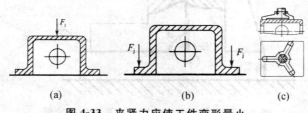

(a)　　　　　　　　(b)　　　　　　　　(c)

图 4-33　夹紧力应使工件变形最小

③夹紧力作用点应尽量靠近加工部位。如图 4-34(a)所示,拨叉上加工矩形槽,夹紧力作用点正对支承点,并靠近加工部位,则加工时定位可靠稳定,加工精度容易保证。如图 4-34(b)所示,加工齿面时夹紧装置圆周施加力在工件上,靠近加工齿面,而且所有齿加工时,夹紧力都一样。如图 4-34(c)所示,拨杆铣削杆端两侧面,夹紧力作用点很靠近加工部位。

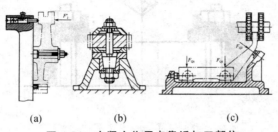

(a)　　　　　　　(b)　　　　　　　(c)

图 4-34　夹紧力作用点靠近加工部位

4.3.2.3　夹紧力大小

夹紧力大小以夹持可靠,工件不振动或颤动,不破坏定位,不过分伤害工件,不使工件过分变形为原则。夹紧力过小,工件位置在加工过程中可能变动,破坏原有的定位。夹紧力过大,使工件和夹具变形过大,难以保证加工质量,且造成人力、物力浪费。

理论上,夹紧力大小应该与切削力、离心力、惯性力和重力等平衡。但实际上,由于切削力在加工过程中是变化的,即随切削进程和切削参数选择而变化,而夹紧基本保持不变,故实际上很难平衡。因此准确计算夹紧力是很复杂的,只能粗略估算。

人工夹紧时,由于可以根据感觉调整夹紧力大小,因此可参考同类夹紧机构或查阅手册粗略估计。

机动夹紧时,则可以根据加工过程中最不利的瞬时状态,用力平衡分析理论压紧力,最后乘以 2～3 的安全系数来粗略计算。

下面以钻削、车削为例说明夹紧力的估算方法。

(1)钻削时工件夹紧力估算

见图 4-35,钻头钻削扭矩与夹具上的摩擦阻力矩应平衡,即 $M_t = M$,M_t 为钻削扭矩,可以根据钻削力和钻头直径算出。M 是夹具压紧力 W 和钻削轴向压力 P 共同作用于工件支承面产生的摩擦力矩,其计算式为

$$M = (W + P)\mu r'$$

W 和 P 合力视为均匀作用在以内径 D_0 和外径 D 形成的圆环上,因此单位面积上的压力为

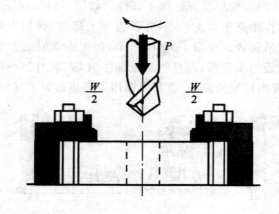

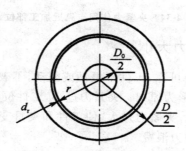

图 4-35 钻削时夹紧力的估算

$$\rho = \frac{4(W+P)}{\pi(D^2 - D_0^2)}$$

故

$$M = \int_{\frac{D_0}{2}}^{\frac{D}{2}} \mathrm{d}M = \int_{\frac{D_0}{2}}^{\frac{D}{2}} \rho \mu \, \mathrm{d}A = 2\pi\rho\mu \int_{\frac{D_0}{2}}^{\frac{D}{2}} r^2 \, \mathrm{d}r = \pi\rho\mu \frac{D^2 - D_0^2}{12} \int_{\frac{D_0}{2}}^{\frac{D}{2}} r^2 \, \mathrm{d}r$$

$$= \frac{1}{3} \frac{D^3 - D_0^3}{D^2 - D_0^2} \mu(W+P)$$

压紧力 W 则为

$$W = \frac{M}{\mu r'} - P$$

以上各式中，μ 为工件与工作台之间的摩擦系数；r' 为当量摩擦半径，$r' = \frac{1}{3}\frac{D^3 - D_0^3}{D^2 - D_0^2}$。

计算说明，钻削力越大即钻削扭矩越大（钻孔直径大、材料硬、钻速高、钻削进刀快），需要的夹紧力越大。钻削压力越大（如手动时，施加在手柄或手轮上的力），需要的夹紧力越小。

（2）车削时工件夹紧力估算

见图 4-36，车床三爪夹持工件的作用是：防止车削时工件在切削力 P_Z 的力矩即车削力矩 M_C 作用下在三爪内转动，以及在切削力 P_Y 推动下沿轴向移动。P_Z、P_Y 互相垂直，每个爪产生的夹紧力假定相等为 W，工件加工直径为 R。则在每个爪内，使工件滑转的力为 $\dfrac{M_C}{3R}$，$M_C = P_Z R$。在每个爪内，使工件滑移的力为 $\dfrac{P_Y}{3}$。每个爪总滑动力则为

$$P = \sqrt{\left(\frac{M_C}{3R}\right)^2 + \left(\frac{P_Y}{3}\right)^2} = \frac{1}{3}\sqrt{P_Z^2 + P_Y^2} \approx \frac{1}{3}P_Z$$

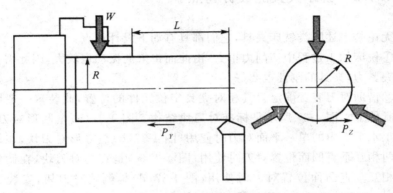

图 4-36　车削时夹紧力的估算

忽略 P_Y 是因为它与切削力 P_Z 相比小得多的原故。故每个爪的夹紧力为

$$W = \frac{KP}{\mu} = \frac{KP_Z}{3\mu}$$

式中，μ 为三爪与工件间的摩擦系数；K 为安全系数，$K \geqslant 1.5$。

4.4　通用夹具的设计特点

4.4.1　车床夹具的设计特点

车床夹具的设计特点如下：

①整个的车床夹具随着机床主轴一起回转，因此需要其结构紧凑，轮廓的尺寸也要尽可能的小，质量也要更轻，并且重心应尽可能地靠近回转轴

线,从而减小惯性力和回转力矩。

②应该装备具有平衡作用的设备以消除回转中的不平衡现象,平衡块的位置可根据需要进行调整。

③与主轴端连接部分是夹具的定位基准,因此应有较准确的圆柱孔(或圆锥孔),其结构形式和尺寸依具体使用的机床而定。

④在使用夹具时,应该特别注意使用的安全,对于带有尖角或者凸出的部分应尽可能地避免,夹紧力要足够大,且自锁可靠等。必要时回转部分外面可加罩壳,以保证操作安全。

4.4.2 铣床夹具的设计特点

无论是上述哪类铣床夹具,它们都具有如下设计特点:

①铣床加工过程中切削力很大,由此而带来的振动也较大,因此需要较大的夹紧力,夹具的刚性也要好。

②借助对刀装置确定刀具相对夹具定位元件的位置,此装置一般固定在夹具体上。图 4-37 所示是标准对刀块结构。图 4-37(a)是圆形对刀块,在加工水平面内的单一平面对刀时使用;图 4-37(b)是方形对刀块,在调整铣刀两相互垂直凹面位置对刀时使用;图 4-37(c)是直角对刀块,在调整铣刀两相互垂直凸面位置对刀时使用;图 4-37(d)是侧装对刀块,安装在侧面,在加工两相互垂直面或铣槽对刀时使用。

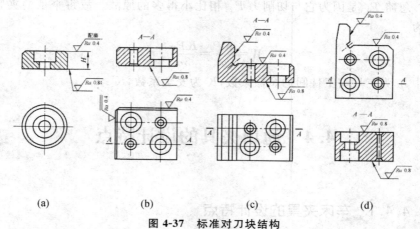

(a)   (b)   (c)   (d)

图 4-37　标准对刀块结构

(a)圆形对刀块;(b)方形对刀块;(c)直角对刀块;(d)侧装对刀块

③借助定位键确定夹具在工作台上的位置。图 4-38 所示是标准定位键结构。图 4-38(b)中定位键上部的宽度与夹具体底面的槽采用 $H7/h6$

或 $H8/h8$ 配合；下部宽度依据铣床工作台 T 形槽规格决定，也采用 $H7/h6$ 或 $H8/h8$ 配合。二定位键组合，起到夹具在铣床上的定向作用，切削过程中也能承受切削转矩，从而增加了切削稳定性。

④由于铣削加工中切削时间一般较短，因而单件加工时辅助时间相对较长。故在铣床夹具设计中，需特别注意降低辅助时间。

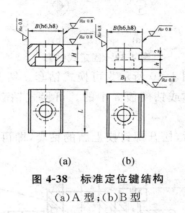

图 4-38　标准定位键结构

(a)A 型；(b)B 型

4.4.3　钻床夹具的设计特点

钻床夹具的设计的特点在于它的独特的原件——钻套与钻模板。因此在进行钻床夹具的设计时，除了根据加工要求选择合适的夹具类型外，主要是进行钻模板与钻套的选择与设计。

（1）钻套

钻套（又称导套）是钻模上的重要元件，通常装配在钻模板上。当夹具在机床上安装时，靠刀具或标准心棒通过钻套来确定位置。钻套的作用是用来引导刀具以保证被加工孔的位置，提高刀具在加工过程中的刚性和防止加工中的振动。

①固定式钻套。图 4-39 所示为固定式钻套的两种形式。它的缺点是磨损后不易更换，因此主要用来进行小批量的生产或精度要求较高的孔的加工。为了防止切屑进入钻套孔内，钻套的上、下端应以稍突出钻模板为宜，一般不能低于钻模板。

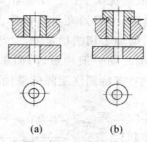

图 4-39　固定式钻套

②可换式钻套。图 4-40 所示为可换式钻套。钻套 1 装在衬套 2 中,而衬套则是压配在夹具体或钻模板 3 中的。可换式钻套由压紧螺钉 4 定位,以防止转动。

这种钻套在磨损后,松开螺钉换上新的钻套,即可继续使用。

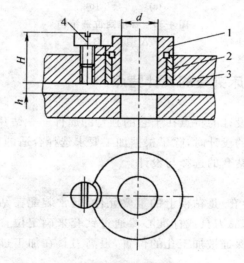

图 4-40　可换式钻套

1—钻套;2—衬套;3—钻模板;4—压紧螺钉

③快换式钻套。图 4-41 所示为快换式钻套。当要取下钻套时,只要将钻套朝逆时针方向转动 α 角,使得螺钉的头部刚好对准钻套上的缺口,再往上一拔,即可取下钻套。

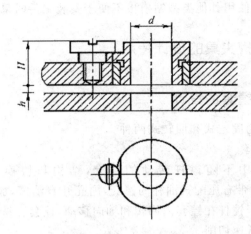

图 4-41　快换式钻套

（2）钻模板

钻模板是供安装钻套用的，要求具有一定的强度和刚度，以防止由于变形而影响钻套的位置精度和导向精度。常用的钻模板有如下几种类型。

①固定式钻模板。这种钻模板是直接固定在夹具体上而不可移动的，因此利用固定式钻模板加工孔时，固定式钻模板与夹具体的连接，一般采用如图 4-42 所示的两种结构。图 4-42（a）所示为销钉定位、螺钉紧固的结构，图 4-42（b）所示为焊接结构。亦可采用整体铸造结构。这些结构都比较简单，制造容易，可根据具体情况选用。

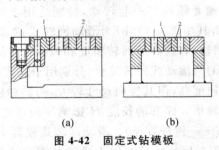

（a）　　　　　（b）

图 4-42　固定式钻模板

1—钻模板；2—钻套

②铰链式钻模板。这种钻模板与夹具体为铰链连接。使用铰链式钻模板，装卸工件方便，对于同一工序上钻孔后接着锪面、攻螺纹的情况尤为适宜（锪面、攻螺纹不需使用钻套，只需将钻模板翻开即可）。但铰链式钻模板在铰链处必然有间隙，因而加工孔的位置精度比固定式钻模板低。

③可卸式钻模板。当装卸工件必须将钻模板取下时，则应采用可卸式钻模板。使用这种钻模板时，装卸钻模板费时费力，且钻孔的位置精度较

低,故其一般多在使用其他类型钻模板不便于安装工件时采用。

4.4.4 镗模夹具的设计特点

4.4.4.1 镗套的设计

镗套结构分为固定式和回转式两种。

（1）固定式镗套

在镗孔过程中不随镗杆转动的镗套,结构与快换钻套相同。如图 4-43(a)所示为带有压配式油杯的镗套,内孔开有油槽,加工时可适当提高切削速度。由于镗杆在镗套内回转和轴向移动,镗套容易磨损,故不带油杯的镗套只适于低速切削。

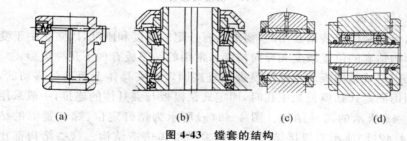

(a)   (b)   (c)   (d)

图 4-43 镗套的结构

（2）回转式镗套

在镗孔过程中,镗套随镗杆一起转动,特别适用于高速镗削。如图 4-30(b)、(c)、(d)所示,其中图 4-43(b)为滑动回转式镗套。内孔带键槽,镗杆上的键带动镗套回转,有较高的回转精度和减振性,结构尺寸小,需充分润滑。图 4-43(c)、(d)为滚动式回转镗套,分别用于立式和卧式镗孔。其转动灵活,允许的切削速度高,但其径向尺寸较大,回转精度低。如需减小径向尺寸,可采用滚针轴承。镗套的长度 H 影响导向性能,一般取固定式镗套 $H=(1.5\sim2)d$（d——镗杆直径）。滑动回转式镗套 $H=(1.5\sim3)d$,滚动回转式镗套双支承时 $H=0.75d$,单支承时与固定式镗套相同。镗套的材料可选用铸铁、青铜、粉末冶金或钢等,其硬度一般应低于镗杆硬度。

镗套内孔直径应按镗杆的直径配制。设计镗杆时,一般取镗杆直径 $d=(0.6\sim0.8)D$,镗孔直径 D、镗杆直径 d、镗刀截面 $B\times B$ 之间的关系,应符合公式：$(D-d)/2=(1\sim1.5)B$。镗杆的制造精度对其回转精度有很大影响。其导向部分的直径精度要求较高,粗镗时按 $g6$ 制造,精镗时按 $g5$ 制造。镗杆材料一般采用 45 钢或 40Cr,硬度为 40~45HRC;也可用 20 钢或 20Cr 渗碳淬火处理,硬度为 61~63HRC。

4.4.4.2　支架和底座的设计

镗模支架和底座为铸铁件,常分开制造,这样便于加工、装配和时效处理。它们要有足够的刚度和强度,以保证加工过程的稳定性。尽量避免采用焊接结构,宜采用螺钉和销钉刚性联接。支架不允许承受夹紧力。支架设计时除了要有适当壁厚外,还应合理设置加强筋。在底座上平面安装有关元件处设置相应的凸台面。在底座面对操作者一侧应加工有一窄长平面,以使将镗模安装于工作台上时用于作找正基面。底座上应设置适当数目的耳座,以保证镗模在机床工作台上安装牢固可靠。还应有起吊环,以便于搬运。

4.5　专用夹具设计

4.5.1　设计步骤与方法

4.5.1.1　研究原始资料明确设计任务

为了明确设计任务,首先需要全面分析工件的特点、材料、生产类型以及本工序加工的相关要求、前后工序间的相互联系等;然后需要进一步了解加工所用的设备、辅助工具中与设计夹具有关的性能和指标;最后需要了解工具车间的加工技术水平等。

4.5.1.2　确定夹具的结构方案,绘制结构草图

拟定夹具的结构方案时,主要解决以下几个问题:
①根据六点定位原则确定工件的定位方法,并设计相关的定位装置。
②确定刀具对刀及引导方法,然后设计对刀装置与引导原件。
③确定工件的夹紧方式和夹紧装置。
④确定其他元件或装置的结构型式,如定位键,分度装置等。
⑤考虑各种装置、元件的布局,确定夹具体和总体结构。

4.5.1.3　绘制夹具总图

夹具总图应该符合国家的绘制标准,图形比例尽量取 1:1。夹具总图中应该清楚地表示夹具的构造以及工作原理,同时还需要标出各种装置或

者元件之间的相对位置,主视图应选取操作者的实际工作位置。

绘制总图必须符合一定的顺序:首先需要用双点划线绘出工件的主要部分以及外形轮廓,并且能够显示出加工的余量;将工件按照透明体处理,然后按照工件的形状以及相对位置按顺序绘出定位、导向、夹紧及其他元件或装置的具体结构;最后绘制夹具体。

夹具总图上应标出夹具名称、零件编号,填写零件明细表、标题栏等。

4.5.1.4　确定并标注有关尺寸和夹具技术要求

夹具总图上应该标注出轮廓的尺寸、检验尺寸以及公差,同时还要标注主要元件、装置之间的相互位置及其精度的要求等。对于加工要求较高的工件,还需要对工序进行精度分析。

4.5.1.5　绘制夹具零件图

夹具中的非标准零件需要绘制零件图,在确定这些零件大小、尺寸、公差以及技术要求的情况下,应该需要满足夹具总图的需求。

4.5.2　技术要求的制订

在夹具总图上标注尺寸和技术要求的目的是为了便于绘制零件图、装配和检验。应有选择地标注以下内容。

4.5.2.1　尺寸要求

①夹具的外形轮廓尺寸。

②与夹具定位元件、引导元件以及夹具安装基面有关的配合尺寸、位置尺寸及公差。

③夹具定位元件与工件的配合尺寸。

④夹具引导元件与刀具的配合尺寸。

⑤夹具与机床的联结尺寸及配合尺寸。

⑥其他主要配合尺寸。

4.5.2.2　形状、位置要求

①定位元件间的位置精度要求。

②定位元件与夹具安装面之间的相互位置精度要求。

③定位元件与对刀引导元件之间的相互位置精度要求。

④引导元件之间的相互位置精度要求。

⑤定位元件或引导元件对夹具找正基面的位置精度要求。

⑥与保证夹具装配精度有关的或与检验方法有关的特殊的技术要求。

夹具的有关尺寸公差和形位公差通常取工件相应公差的 $1/5\sim1/2$。当工序尺寸未注公差时，夹具公差取为 ±0.1 mm（或 $\pm10'$），或根据具体情况确定；当加工表面未提出位置精度要求时，夹具上相应的公差一般不超过 $(0.02\sim0.05)/100$。

在具体的选择时，还需要综合考虑生产的类型、工件的加工精度等。对于生产批量较大、夹具结构较为复杂的，并且加工精度的要求较高的情况，夹具的公差值可取的相对小一些。这样做虽然造成了制造的困难，成本较高，但优点是可以延长夹具的使用寿命，并能够保证工件的加工精度，因此是经济合理的；对于那些小批量的生产，需要在保证加工精度的前提下，因此可使夹具的公差取得稍微大一点，以便于制造。设计时可参考相关的设计手册。此外，为了保证工件的加工精度，在确保夹具的距离尺寸的偏差时，一般需要双向对称分布，基本尺寸应为工件相应尺寸的平均值。

4.5.3　精度分析

进行加工精度分析可以帮助我们了解所设计的夹具在加工过程中产生误差的原因，以便探索控制各项误差的途径，为制定验证、修改夹具技术要求提供依据。

用夹具装夹工件进行机械加工时，工艺系统中影响工件加工精度的因素有：定位误差 Δ_D、对刀误差 Δ_T、夹具在机床上的安装误差 Δ_A 和加工过程中其他因素引起的加工误差 Δ_G。上述各项误差均导致刀具相对工件的位置不准确，而形成总的加工误差 $\sum\Delta$。以上各项误差应满足公式 $\sum\Delta=\Delta_D+\Delta_A+\Delta_T+\Delta_G\leqslant$ 工件的工序尺寸公差（或位置公差）δ_K。此式称误差计算不等式，各代号代表各误差在被加工表面工序尺寸方向上的最大值。

第 5 章　金属切削刀具

　　金属切削加工是现代机械制造工业中用得最广泛的一种加工方法,据统计,在整个制造加工过程中所占的比例为 $80\%\sim85\%$。而刀具则是其中不可缺少的最重要的工具之一。无论是普通机床,还是先进的数控机床和加工中心机床,以及柔性制造系统(Flexible Manufacturing System,FMS),都必须依靠刀具才能完成切削工作。刀具的发展对提高生产效率和加工成本具有直接影响。

　　实践证明,刀具技术的进步,可以成倍、成十倍地提高工效,而且改革简便,收效显著。因此,合理使用各种标准刀具的设计方法对整个机械制造工业有着重要的现实意义。

5.1　金属切削刀具概述

　　金属切削刀具是金属切削加工过程中一个重要的工具,它不仅制约着产品的加工质量,而且制约着切削加工的效率。刀具的性能决定于刀具结构、刀具材料、刀具切削部分几何角度、刀具切削部分的组织性能等。应该根据工件的加工工艺要求,正确地选择和使用金属切削刀具,以保证实现零件所要求的尺寸、形状、精度及表面质量。为提高切削加工效率和经济效益,这就要求刀具本身结构合理,强度和刚度好,耐用度高,工艺性好,制造成本低。

5.1.1　切削运动

　　在切削加工中刀具与工件的相对运动,称为切削运动。按其功用分为主运动和进给运动。图 5-1 表示了车削运动、切削层及工件上形成的表面。

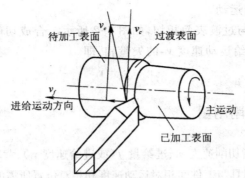

图 5-1　车削运动、切削层及工件上形成的表面

待加工表面指工件即将被切除的表面;过渡表面是工件上由切削刃正在形成的表面;已加工表面指工件上切削后形成的表面。

（1）主运动

由机床提供的、使刀具和工件之间产生相对运动,在切削成型过程中起主动作用,提供主要切削力的运动就是主运动。在切削过程中,它具有运动速度最高、消耗功率最大的特点。

（2）进给运动

进给运动是刀具与工件之间产生的附加运动,以保持切削连续地进行。图 5-1 中,v_f 是车外圆时纵向进给速度,它是连续的,而横向进给运动是间断的。图 5-2 所示为各种刀具在切削过程中的主运动和进给运动。

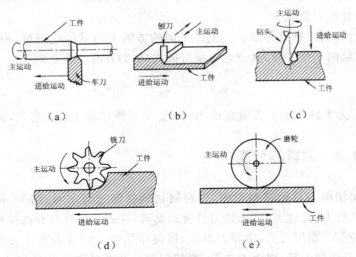

图 5-2　各种刀具在切削过程中的主运动和进给运动

(a)车削;(b)刨削;(c)钻削

(d)铣削;(e)磨削

（3）合成切削运动

该速度方向与过渡表面相切，如图 5-2 所示。合成切削速度 v_e 等于主运动速度 v_c 和进给运动速度 v_f 的矢量和，即

$$v_e = v_c + v_f$$

5.1.2　切削用量

切削用量是指切削速度 v_c、进给量 f（或进给速度 v_f）、背吃刀量 a_p 三者的总称。它是调整刀具与工件间相对运动速度和相对位置所需的工艺参数。

（1）切削速度 v_c

切削刃上选定点相对于工件的主运动的瞬时速度。

$$v_c = \frac{\pi d_w n}{1000} \tag{5-1}$$

式中，v_c 为切削速度，m/s；d_w 为工件待加工表面直径，mm；n 为工件转速，r/s。

（2）进给量 f

工件或刀具每转一周时，刀具与工件在进给运动方向上的相对位移量。

进给速度 v_f 是指切削刃上选定点相对工件进给运动的瞬时速度。

$$v_f = fn \tag{5-2}$$

式中，v_f 为进给速度，mm/s；n 为主轴转速，r/s；f 为进给量，mm/r。

（3）背吃刀量 a_p

通过切削刃基点并垂直于工作平面的方向上测量的吃刀量，根据此定义，如在纵向车外圆时，其背吃刀量可按式（5-3）计算：

$$a_p = \frac{d_w - d_m}{2} \tag{5-3}$$

式中，d_w 为工件待加工表面直径，mm；d_m 为工件已加工表面直径，mm。

5.1.3　刀具的分类

金属切削刀具的种类很多，按金属切削机床分有车刀、钻头、铣刀、铰刀、镗刀、拉刀、螺纹刀具、齿轮刀具及磨具等；按刀具材料分有高速钢、硬质合金、金刚石、涂层刀具、陶瓷刀具等；按使用场合不同分为手工刀具、机用刀具、高速切削刀具、强力刀具等；按切削部分与夹持部分的连接方式有整体式刀具、焊接式刀具、机夹式刀具等。大多数刀具已经标准化，并由专业工具制造厂按照国标或部标进行统一生产。

5.2　常用刀具及选用

5.2.1　车刀

　　车刀是金属切削加工中应用最广泛的一种刀具。它可以用于加工外圆、内孔、端面、螺纹及各种内、外回转体成形表面,也可用于切断和切槽等。车刀的主要类型如图 5-3 所示。外圆车刀用于加工外圆柱面和外圆锥面,它分为直头和弯头两种。精车刀刀尖圆弧半径较大,可获得较小的残留面积,以减小表面粗糙度;宽刃光刀用于低速精车;当外圆车刀的主偏角为90°时,可用于车削阶梯轴、凸肩、端面及刚度较低的细长轴。

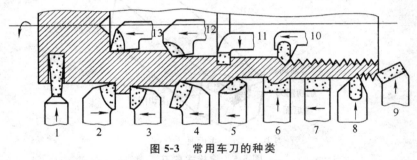

图 5-3　常用车刀的种类

1—切断刀;2—左偏刀;3—右偏刀;4—弯头车刀;5—直头车刀;6—成形车刀;

7—宽刃精车刀;8—螺纹车刀;9—端面车刀;10—内螺纹车刀;11—内槽车刀;

12—通孔车刀;13—不通孔车刀

　　车刀在结构上有多种形式,总体上可分为整体式车刀、焊接式车刀、机夹式车刀和成形车刀。其中机夹式车刀又分为机夹车刀和可转位车刀等,如图 5-4 所示。

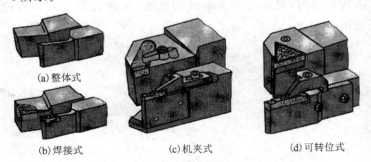

(a)整体式　　(b)焊接式　　(c)机夹式　　(d)可转位式

图 5-4　车刀结构形式

5.2.1.1　整体式车刀

整体式车刀主要是高速钢车刀,截面为正方形或矩形,使用时可根据不同用途进行修磨。

5.2.1.2　焊接式车刀

焊接式车刀是在普通碳钢刀杆上镶焊(钎焊)硬质合金刀片,经过刃磨而成,如图 5-5 所示。其优点是结构简单,制造方便,并且可以根据需要进行刃磨,硬质合金的利用也较充分,故目前在车刀中仍占相当比重。在制造工艺上,由于硬质合金刀片和刀杆材料的线膨胀系数不同,焊接时,易产生热应力,当焊接工艺不合理是易导致硬质合金产生裂纹。

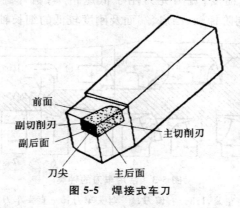

图 5-5　焊接式车刀

5.2.1.3　机夹式车刀

硬质合金机夹式车刀,又称重磨式车刀,如图 5-6 所示。用机械方法将硬质合金刀夹固在刀杆上,刀片磨损以后,卸下后可以重磨刀刃,然后安装使用。其优点是刀片不经高温焊接,排除了产生焊接裂纹的可能性;刀杆可进行热处理,提高刀片支承面的硬度,从而提高了刀长寿命,刀杆可重复使用。

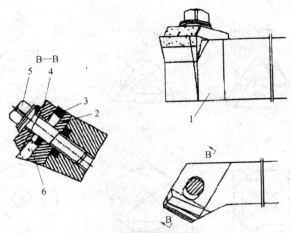

图 5-6　硬质合金机夹式车刀

5.2.1.4　可转位车刀

可转位车刀的刀片也是采用机械夹固方法装夹的,刀片为多边形,每个边都可做成切削刃,用钝后不必修磨,只需将刀片转位,即可使新的切削刃投入切削。可转位车刀如图 5-7 所示。

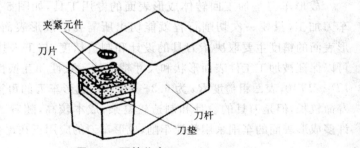

图 5-7　可转位车刀

硬质合金可转位刀片的形状很多,常用的有三角形、偏 8°三角形、凸三角形、正方形、五角形、圆形等,如图 5-8 所示。刀片大多不带后角,但在每个切削刃上都有断屑槽并形成刀片的前角。刀具的实际角度由刀片和刀槽的角度组合确定。

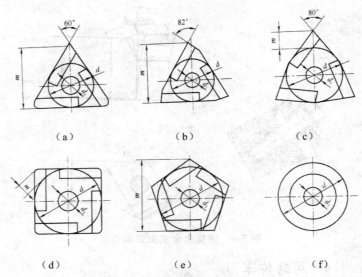

图 5-8　硬质合金可转位刀片的常用形状

(a)三角形;(b)偏 8°三角形;(c)凸三角形;(d)正方形;(e)五角形;(f)圆形

5.2.1.5　成形车刀

成形车刀是加工回转体成形表面的专用工具,如图 5-9 所示。用成形车刀加工,只要一次切削行程就能切出所需要的成形表面,生产率较高;成形表面的精度主要取决于刀具的设计和制造精度,与工人技术水平无关;它可以保证被加工工件表面形状和尺寸精度的一致性和互换性,加工精度可达 $IT9\sim IT10$,表面粗糙度 Ra 为 $6.3\sim 3.2~\mu m$;成形车刀的可重磨次数多,使用寿命较长,但是刀具的设计和制造较复杂,成本较高,随着数控车床的应用,许多成形表面的车削采用数控车削,成形车刀的应用正在逐步减少。

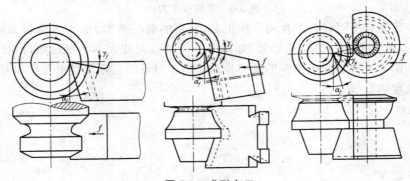

图 5-9　成形车刀

(a)平底成形车刀;(b)棱形成形车刀;(c)圆柱成形车刀

5.2.2　铣刀

铣刀的种类和用途很多,如图 5-10 所示。铣刀可以按用途分类,也可按齿背形式分类。

5.2.2.1　按用途分类

(1)圆柱铣刀

如图 5-10(a)所示,它用于卧式铣床上加工平面。主要用高速钢制造,也可以镶焊螺旋形的硬质合金刀片。圆柱铣刀采用螺旋形刀齿以提高切削工作的平稳性。圆铣刀仅在圆柱表面上有切削刃,没有副切削刃。

圆柱铣刀一般用于卧式铣床上加工平面。可分为粗齿和细齿两种,分别用于粗加工和精加工,其直径 d 有 50、63、80、100 等规格。通常根据铣削用量和铣刀心轴直径来选择铣刀直径。

(2)端铣刀

如图 5-10(b)所示,其圆周表面和端面都有切削刃,一般用于高速铣削平面。目前广泛采用机夹可转位刀片式结构,它是将硬质合金可转位刀片直接用机械夹固的方法安装在铣刀体上,磨钝后转换刀片切削刃或更换刀片则可继续使用:与高速钢整体圆柱铣刀相比,其铣削速度较高,生产率高,加工表面质量较好。选用此类刀具是根据侧吃刀量选择适当的铣刀直径,一般取其直径 $D=(1.2\sim1.6)a_e$,并使端面铣刀工作时有合理的切入角和切离角,以防止面铣刀过早发生破损。同一直径的可转位面铣刀,其齿数分为粗、中、细齿三种。粗齿用于长切屑或同时切削刀齿过多引起振动时;切屑较短或精铣钢件选用中齿端铣刀;每齿进给量较小的细齿面铣刀常用于加工薄壁铸件。

(3)盘形铣刀

盘形铣刀分槽铣刀、两面刃铣刀、三面刃铣刀和错齿三面刃铣刀,如图 5-10(c)～(f)所示。槽铣刀一般用于加工浅槽;两面刃铣刀用于加工台阶面;三面刃铣用于切槽和台阶面。

(4)锯片铣刀

用于切削窄槽或切断材料,它和切断车刀类似,对刀具几何参数的合理性要求较高。

(5)立铣刀

如图 5-10(g)所示,用于加工平面、台阶、槽和相互垂直的平面,利用锥柄或直柄紧固在机床主轴中。立铣刀圆柱表面上的切削刃是主切削刃,端刃是副切削刃。用立铣刀铣槽时槽宽有扩张,故应取直径比槽宽略小的铣刀(0.1 mm 以内)。

端面切削刃不通过中心,工作时不宜作轴向进给。一般用于加工平面、凹槽、台阶面以及利用靠模加工成形板件的侧面。国家标准规定,直径 $d=2\sim71$ 的立铣刀做成直柄或削平型直柄,直径 $d=6\sim63$ 的做成莫氏锥柄,直径 $d=25\sim80$ 的做成 7:24 锥柄,直径 $d=40\sim160$ 的做成套式立锥柄,此外还有装有可转位硬质合金刀的立铣刀。其选用应根据加工需要和机床主轴可安装刀柄的类型来进行。

(6)键槽铣刀

如图 5-10(h)所示,键槽铣刀一般有 2 或 3 个刃瓣,端刃为完整刃口,既像立铣刀又像钻头,它可以用轴向进给对毛坯钻孔,然后沿键槽方向运动铣出键槽的全长。键槽铣刀重磨时只磨端刃。

(7)角度铣刀

角度铣刀有单角铣刀[图 5-10(i)]和双角铣刀[图 5-10(j)],用于铣削沟槽和斜面。

(8)成形铣刀

如图 5-10(k)所示,成形铣刀是用于加工成形表面的刀具,其刀齿廓形要根据被加工件的廓形来确定。

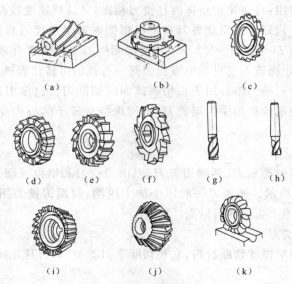

图 5-10 铣刀类型

(a)圆柱铣刀;(b)端铣刀;(c)槽铣刀;(d)两面刃铣刀;(e)三面刃铣刀;
(f)错齿三面刃铣刀;(g)立铣刀;(h)键槽铣刀;(i)单角度铣刀;(j)双角度铣刀;(k)成形铣刀

5.2.2.2　按齿背加工形式分类

成形铣刀是在铣床上加工成形表面的专用刀具,如图 5-11 所示。

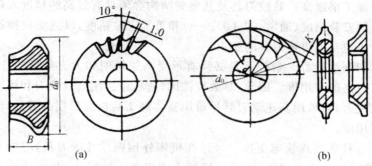

图 5-11　成形铣刀

（a）尖齿成形铣刀；（b）铲齿成形铣刀

成形铣刀按齿背的形状可分为尖齿和铲齿两种。尖齿成形铣刀刀齿数多,具有合理的后角,切削轻快、平稳,加工表面质量好,铣刀寿命长等优点。

铲齿成形铣刀的刃形与后刀面是在铲齿车床上用铲刀铲齿获得。铲齿后所得的齿背曲线为阿基米德螺旋线。它具有下列特性:

①刀齿沿铣刀前刀面重磨,刀齿形状保持不变。

②重磨后铣刀的直径变化不大,后角变化较小。

铲齿成形铣刀的制造、刃磨比尖角铣刀方便,但热处理后铲磨时修理成形砂轮较费时,若不进行铲磨,则刃形误差较大。另外它的前、后角不够合理,所以加工表面质量不高。

5.3　数控机床刀具

数控机床的结构和功能在不断地发展,普通机床所采用的是"一机一刀"的模式,而现代数控机床的刀具是多种不同类型的刀具同时在数控机床的刀盘上（或主轴上）轮换使用,以达到自动换刀的目的。

5.3.1　数控刀具的特点

数控刀具涵括了刀具识别、监控和管理等现代刀具技术,扩展为广义的数控工具系统,具有可靠、高效、耐久和经济等特点,概括起来有如下几个方面。

①可靠性高。刀具应有很高的可靠性，才能避免加工过程中出现意外的损坏，差的可靠性会导致增加换刀时间，或者产生废品，损坏机床与设备。

②加工精度高。数控刀具及其装夹结构必须具有很高的精度来保证在机床上的安装精度（通常<0.005 mm）和重复定位精度，以适应数控加工的精度和快速自动更换刀具的要求。

③切削性能好。数控刀具必须有承受高速切削和大进给量的性能，而且要有较高的耐用度。因此，对数控铣床，应尽量选用高效铣刀和可转位钻头等先进刀具；采用高速钢刀具尽量用整体磨制后再经涂层的刀具，保证刀具的耐用度。

④刀具能实现快速更换。经过在机床外预调尺寸的刀具，应能与机床快速、准确地接合和脱开，能适应机械手或机器人的操作，并能达到很高的重复定位精度。现在精密加工中心的加工精度可以达到 $3\sim5~\mu m$，因此刀具的精度、刚度和重复定位精度必须和这样高的加工精度相适应。

⑤复合程度高。刀具的复合程度高，可以在多品种生产条件下减少刀具品种规格、降低刀具管理难度。

⑥配备刀具状态监测装置。通过接触式传感器、光学摄像和声发射等方法，可进行刀具的磨损或破损的在线监测，以保证工作循环的正常进行。

5.3.2　换刀装置的基本形式

更换刀具的基本形式一般有更换刀片、更换刀具、更换刀夹和更换刀柄，如图 5-12、图 5-13 所示。也可以是更换连刀具在内的主轴箱。

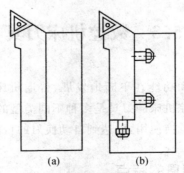

图 5-12　更换刀具的基本方式一

（a）更换刀片；（b）更换刀具

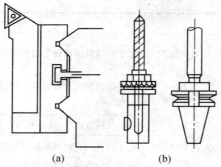

(a)   (b)

图 5-13 更换刀具的基本方式二

(a)更换刀夹；(b)更换刀柄

更换刀片一般用于数控车床，机夹式结构刀具（包括可转位刀具），这种方式中的刀片和刀片槽精度要求高，而且由于自动化机床工作空间小，刀片拆装和刀片槽的清理也不方便。

更换刀具和更换刀夹，换刀简便迅速，应用较多，尤其是更换刀夹在数控机床的自动换刀装置中更为普遍。但这些都要求在机外预先调好刀具尺寸。

更换刀柄的方式广泛用于数控机床的铣刀、镗刀、丝锥及棒状刀具（如钻头）的更换便于用标准刀具和刀柄系列化与标准化。刀具尺寸在机外预调好。

5.3.3 数控机床常用刀具

为了适应数控机床对刀具耐用、稳定、易调、可换等要求，近几年机夹式可转位刀具得到广泛的应用，在数量上达到整个数控刀具的 30％～40％，金属切除量占总数的 80％～90％。可转位刀具的种类和用途见表 5-1。

表 5-1 可转位刀具的种类和用途

刀具名称		用途
可转位面铣刀	普通形式面铣刀	适于铣削大的平面，用于不同深度的粗加工、半精加工
	可转位精密面铣刀	适用于表面质量要求高的场合，用于精铣
	可转位立装面铣刀	适于钢、铸钢、铸铁的粗加工，能承受较大的切削力，适于重切削
	可转位圆刀片面铣刀	适于加工平面或根部有圆角肩台、筋条以及难加工材料，小规格的还可用于加工曲面
	可转位密齿面铣刀	适于铣削短切削材料以及较大平面和较小余量的钢件，切削效率高

刀具名称		用途
可转位三面刃面铣刀	可转位三面刃铣刀	适于铣削较深和较窄的台阶面和沟槽
可转位两面刃面铣刀	可转位两面刃铣刀	适于铣削深的台阶面,可组合起来用于多组台阶面的铣削
可转位立铣刀	可转位立铣刀	适于铣削浅槽、台阶面和盲孔的镗孔加工
可转位螺旋立铣刀(玉米铣刀)	平装形式螺旋立铣刀	适于直槽、台阶、特殊形状及圆弧插补的铣削,适用于高效率的粗加工或半精加工
	立装形式螺旋立铣刀	适于重切削,机床刚性要好
可转位球头立铣刀	普通形球头立铣刀	适于模腔内腔及过渡尺的外形面的粗加工、半精加工
	曲线刃球头立铣刀	适于模具工业、航空工业和汽车工业的仿形加工,用于粗铣、半精铣各种复杂型面,也可以用于精铣
可转位浅孔钻	可转位浅孔钻	适于高效率的加工铸铁、碳钢、合金钢等,可进行钻孔、铣切等
可转位成型铣刀	可转位成型铣刀	适于各种型面的高效加工,可用于重切削
可转位自夹紧切断刀	可转位自夹紧切断刀	适于对工件的切断、切槽
可转位车刀	可转位车刀	适于各种材料的粗车、半精车及精车

5.4 专用刀具设计

5.4.1 成形车刀设计

成形车刀(又称为样板车刀)是一种专用刀具,一般需要根据工件的轮廓形状进行专门设计和制造。下面以径向进给棱体成形车刀和圆体成形车刀为例,说明成形车刀的设计内容、方法与步骤。

5.4.1.1 确定刀体结构尺寸

（1）棱体成形车刀

如图 5-14 所示，棱体成形车刀的装夹部分多采用燕尾结构，因为这种结构装夹稳固可靠，能承受较大的切削力。燕尾结构的主要尺寸有：刀体总宽度 L_0、刀体高度 H、刀体厚度 B 以及燕尾测量尺寸 M 等。

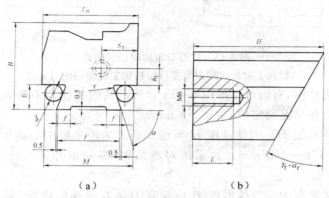

（a）　　　　　　　　　　（b）

图 5-14　棱体成形车刀的结构尺寸

①刀体总宽度 L_0。在图 5-14（a）中

$$L_0 = L_c \tag{5-4}$$

式中，L_0 为成形车刀切削刃总宽度，mm。

图 5-15 中，a 是为避免切削刃转角处过尖而设的附加切削刃宽度，mm，常取为 0.5～3 mm，[见图 5-15（a）中 9—10 段]。b 为考虑工件端面的精加工和倒角而设的附加切削刃宽度，mm，其数值应大于端面精加工余量和倒角宽度。为使该段附加切削刃在正交平面内具有一定后角，一般取偏角 $\kappa_r = 15° \sim 45°$，b 值一般取 1～3 mm；如工件有倒角，κ_r 值应等于倒角的角度性，b 值比倒角宽度大 1～1.5 mm，如图 5-15（a）所示 1—9 段。c 是为保证后续切断工序顺利进行而设的预切槽切削刃宽度，mm，c 值常取 3～8 mm，如图 5-15（a）所示的 5—6—7—11 段。b 是为保证成形车刀切削刃处比工件毛坯表面长而设的附加切削刃宽度，mm，常取 $d = 0.5 \sim 2$ mm，如图 5-15（a）所示的 11—12 段。

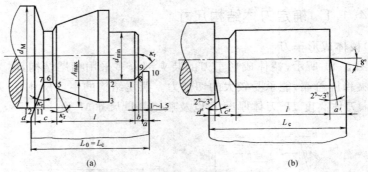

图 5-15　成形车刀的附加切削刃

（a）粗加工附加切削刃宽度；（b）精加工附加切削刃宽度

实际生产中,有时也可取图 5-15(b)所示的附加切削刃形式, a'、c'、d' 的数值视具体情况而定(其中 $a' > 3$ mm)。

②刀体高度 H。刀体高度 H 与机床横刀架距主轴中心高度有关。一般推荐 $H = 55 \sim 100$ mm。如采用对焊结构,高速钢部分长度不小于 40 mm(或 $H/2$)。

③刀体厚度 B。刀体厚度 B 应保证刀体有足够的强度,易于装入刀夹,排屑方便,切削顺利。刀体厚度应满足

$$B \geqslant E + A_{max} + (0.25 \sim 0.5)L_0 \tag{5-5}$$

式中,E 为燕尾槽底面与其平行面的距离,mm,如图 5-14 所示;A_{max} 为工件最大轮廓形状深度(mm),如图 5-15(a)所示。

④燕尾测量尺寸 M。燕尾测量尺寸 M 值应与切削刃总宽度 L_c 和测量滚柱直径相适应,见表 5-2。

表 5-2　棱体成形车刀的结构尺寸　（单位:mm）

结构尺寸						检验燕尾尺寸		
$L_0 = L_c$	F	B	H	E	F	滚柱直径 d'	M 尺寸	极限偏差
$15 \sim 20$	15	20	55～100（可视机床刀夹而定）	$7.2^{+0.36}_{0}$	5	5 ± 0.005	22.89	0
$22 \sim 30$	20	25					27.87	-0.1
$32 \sim 40$	25						37.62	0
$45 \sim 50$	30	45		$9.2^{+0.36}_{0}$	8	8 ± 0.005	42.62	-0.12
$55 \sim 60$	40						52.62	
$65 \sim 70$	50	60		$12.2^{+0.48}_{0}$	12		62.62	0
$75 \sim 80$	60						72.62	-0.14

注:1. d'——滚珠直径。d' 不是表中数值时,M 值按下式计算

— 114 —

$$M=F+d'\left(1+\tan\frac{\alpha}{2}\right)$$

2. 燕尾 $\alpha=60°\pm10'$，圆角半径 $\gamma_{max}=0.5$ mm。燕尾底面及与之相距为 E 的表面不能同时作为工作表面。

3. S_1 与 h_1 尺寸(见图 5-14)视具体情况而定。l 视机床刀夹而定，应保证满足最大调整范围。

（2）圆体成形车刀

如图 5-16 所示，圆体成形车刀的主要结构尺寸有刀体总宽度 L_0、刀体外半径 R_0、内孔直径 d 及夹固部分尺寸等。

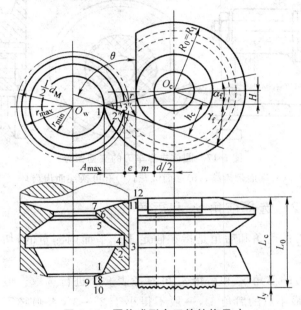

图 5-16　圆体成形车刀的结构尺寸

① 刀体总宽度。
$$L_0=L_c+l_y \tag{5-6}$$
式中，L_c 为切削刃总宽度，mm；l_y 为除切削刃外其他部分宽度，mm。

② 刀体外径和内孔直径。确定外径时，要考虑工件的最大轮廓形状深度、排屑、刀体强度及刚度等，取值大小要受机床横刀架中心高及刀夹空间的限制。一般可按下式计算，再取相近标准值 。
$$D_0\geqslant2(A_{max}+e+m)+d \tag{5-7}$$
式中，D_0 为刀具轮廓形状最大直径，mm；A_{max} 为工件最大轮廓形状深度，mm；e 为保证足够的容屑空间所需要的距离，mm，可根据切削厚度及切屑的卷曲程度选取，一般取为 $3\sim12$ mm，加工脆性材料时取小值，反之取大值；m 为刀体壁厚，mm，根据刀体强度要求选取，一般为 $5\sim8$ mm；d 为内孔直径，mm，其值应保证心轴和刀体有足够的强度和刚度，可依切削用量及切削力大小取为 $(0.25\sim0.45)D_0$，计算后再取相近的标准值 10 mm、(12

mm)、16 mm、(19 mm)、20 mm、22 mm、27 mm 等(带括号者为非优选系列尺寸)。

③刀体夹固部分尺寸。圆体成形车刀常采用内孔与端面定位,螺栓夹固结构如图 5-17 所示。沉头孔用于容纳螺栓头部。刀体端面的凸台齿纹一方面可以防止切削时刀具与刀夹体间发生相对转动,另一方面还可粗调刀具高度。为简化制造,也可制作可换的端面齿齿环,用销子与圆刀体相连。

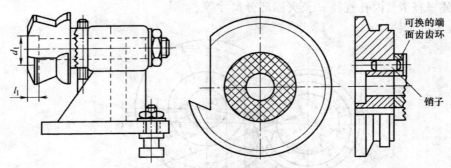

图 5-17 圆体成形车刀的夹固部分

(a)端面带齿纹;(b)端面滚花;(c)有可换端面齿齿环

5.4.1.2 选择前角 γ_f 和后角 α_f

成形车刀的前角和后角是指在假定工作平面内测量的,切削刃上基点的前角和后角。

成形车刀的前角 γ_f 和后角 α_f 可参考表 5-3 进行选取。但需要校验切削刃上 κ_r 角最小点的后角 α_0,一般不得小于 $2°\sim3°$,否则必须采取措施加以解决。

表 5-3 成形车刀的前角和后角

被加工材料	材料的力学性能		前角 $\gamma_f/(°)$	成形车刀类型	后角 $\alpha_f/(°)$
钢	R_m/GPa	<0.5	20	圆体形	10~15
		0.5~0.6	15		
		0.6~0.8	10		
		>0.8	5		
铸铁	硬度 HBW	160~180	10	棱体形	12~17
		180~220	5		
		>220	0		

5.4.1.3 截形设计

成形车刀的截形设计实际上就是根据工件轮廓形状各组成点求出刀具截形的相应组成点。求解刀具截形组成点的常用方法有作图法、公式计算法和查表法三种。

作图法比较简单、直观,但作图法误差大,精确度低;计算法的精确度高,但计算工作量大,特别是当计算组成点较多时,易生差错,如利用计算机编程运算也比较方便;查表法是根据计算结果预先列成表格,设计时只要根据已知条件查表或通过简单运算即可得到设计结果,设计精度也比较高,且简便、迅速。所以,在实际生产中常用计算法和查表法进行设计,用作图法辅以校验。

5.4.2 拉刀设计

拉刀一般有许多刀齿。由于拉刀的后一个(或一组)刀齿高于前一个刀齿,因而能在一次拉削行程中,将工件余量金属材料一层一层地切除掉。

由于拉刀结构比一般刀具复杂,制造成本高,因此多用于成批大量生产。在被加工零件的形状、尺寸标准化或加工特殊形状内外表面时,即使小批量生产或单件生产中使用拉刀,也能获得较好的经济效果。

本节主要以圆孔拉刀为例,介绍拉刀设计的基本方法和步骤。

5.4.2.1 工作部分设计

工作部分是拉刀的主要组成部分,它直接决定拉削效率和加工表面质量,以及拉刀的制造成本。

(1)确定拉削方式(拉削图形)

我国生产的圆孔拉刀一般采用组合式拉削方式。按组合拉削方式设计的拉刀,称为组合式拉刀。这样,既缩短了拉刀长度,保持了较高的生产率,又获得了较好的加工表面质量。

(2)确定拉削余量

拉削余量 A 指拉刀应切除的材料层厚度总和。确定原则是:在保证去除前道工序造成的加工误差和表面破坏层的前提下,尽量选小的拉削余量,以缩短拉刀长度。确定方法有经验公式法和查表法。

当拉前预制孔为钻孔或扩孔时

$$A = 0.005D_m + (0.1 \sim 0.2)\sqrt{L_0} \tag{5-8}$$

式中,L_0 为拉削长度,mm;D_m 为拉后孔径,mm。

当拉前预制孔为镗孔或粗铰孔时

$$A = 0.005D_m + (0.05 \sim 0.1)\sqrt{L_0} \tag{5-9}$$

当拉前孔径 D_0 和拉后孔径 D_m 已知时，则

$$A = D_{mmax} - D_{0min} \tag{5-10}$$

式中，D_{mmax} 为拉后孔的最大直径，mm；D_{0min} 为拉前孔的最小直径，mm。

要根据据被拉孔的直径、长度和预制孔加工精度等用查表法确定拉削余量 A。

(3)确定拉刀材料

拉刀材料一般选用 W6Mo5Cr4V2 高速钢，按整体结构制造，一般不焊接柄部。拉刀还可用整体硬质合金做成环形齿，经过精磨后套装于 9SiCr 或 40Cr 钢做的刀体上。

(4)刀齿几何参数选择(见表 5-4、图 5-18)

表 5-4　刀齿主要几何参数

工件材料		前角 γ_0		后角 α_0		刃带宽度 b_{a1}/mm		
		数值/(°)	极限偏差/(°)	切削齿	校准齿	粗切齿	精切齿	校准齿
钢	≤197HBW	16～18	+2 −1	$2°30'^{+1°}_0$	$1°^{+30'}_0$	≤0.1	>0.1 ～0.2	>0.3 ～0.5
	>197～229HBW	15						
	>229HBW	10～12						
灰铸铁	≤180HBW	8～10						
	>180HBW	5						
可锻铸铁、球墨铸铁、蠕墨铸铁		10		$2°^{+1°}_0$	$30'^{+1°}_0$			
铝合金、巴氏合金		20～25		$2°30'^{+1°}_0$				
铜合金		5～10		$2°^{+1°}_0$				

注：拉削不锈钢、高温合金、钛合金等材料时，不留刃带；若留刃带，必须小于 0.05 mm。

①前角 γ_0。工件材料的强度(硬度)低时，前角选大些，反之选小些。

②后角 α_0。拉刀切削齿后角都选得较小，校准齿后角比切削齿的后角更小。

③刃带宽度 b_{a1}。拉刀各类刀齿均留有刃带，以便于制造拉刀时控制刀齿直径；校准齿的刃带还可以保证沿前刀面重磨时刀齿直径不变。

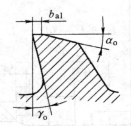

图 5-18　刀齿主要几何参数

（5）确定齿升量 f_z

粗切齿齿升量较大，以保证尽快切除 80％以上的余量材料。精切齿齿升量较小，以保证加工精度和加工表面质量，但由于存在切削刃钝圆半径 r_n，故精切齿的齿升量不得小于 0.005 mm，否则当切削厚度 $h_D < r_n$ 时，将不能切下切屑，造成严重挤压，恶化加工表面质量，加剧刀具磨损。过渡齿的齿升量是由粗切齿齿升量逐步过渡到精切齿齿升量，以保证拉削过程的平稳。

（6）确定齿距 p

拉刀齿距的大小，直接影响拉刀的容屑空间和拉刀长度以及拉刀同时工作的齿数。为了保证拉削平稳和拉刀强度，确定齿距时应保证拉刀同时工作的齿数 $z_e = 3 \sim 8$。

（7）确定容屑槽尺寸

由于切屑在容屑槽内卷曲和填充不可能很紧密，为保证容屑，容屑槽的有效容积必须大于切屑所占的体积。即

$$V_p > V_c$$

或

$$K = \frac{V_p}{V_c} > 1$$

式中，V_p 为容屑槽的有效容积，mm^3；V_c 为切屑体积，mm^3；K 为容屑系数。

5.4.2.2　拉刀其他部分设计

（1）头部

拉刀头部尺寸已标准化，设计时可参照国家标准 GB/T3832—2008 进行。

（2）颈部与过渡锥部

拉刀的商标与规格一般刻印在颈部上。颈部直径可取与头部直径相同值，也可略小于头部直径（一般小于 0.5～1 mm）。颈部长度要保证拉刀第一个刀齿尚未进入工件之前，拉刀头部能被拉床的夹头夹住，即应考虑拉床床壁和花盘厚度、夹头与机床壁间距等数值（见图 5-19）。拉刀颈部长度

（包括过渡锥长度）的计算公式为

$$L_3 = H + H_1 + L_c + (L'_3 - L_1 - L_2) \qquad (5\text{-}11)$$

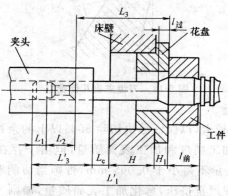

图 5-19　拉刀颈部长度的确定

（3）前导部、后导部和尾部

前导部直径的公称尺寸应等于拉削前预制孔的最小直径 D_{0min}，长度 $l_{前}$ 一般等于工件拉削孔长度 L_0。当孔的长径比大于 1.5 时，可取为 $0.75L_0$，但不得小于 40 mm。

后导部直径的公称尺寸等于拉削后孔的最小直径 D_{mmin}，长度 $l_{后}$ 可取为工件长度的 $1/2 \sim 2/3$，但不小于 20 mm。

尾部长度一般取为拉削后孔 L 径的 $1/2 \sim 7/10$，直径等于护送托架衬套孔径。

（4）拉刀总长度

拉刀总长度受到拉床允许的最大行程、拉刀刚度、拉刀生产工艺水平、热处理设备等因素的限制，一般不超过表 5-5 所规定的数值。否则，需修改设计或改为两把以上的成套拉刀。

表 5-5　圆拉刀允许的最大总长度（单位：mm）

拉刀直径 D_g	>12~15	>15~20	>20~25	>25~30	>30~50	>50
最大总长度 L	600	800	1000	1200	1300	1500
	精密圆拉刀一般不超过 $20D_g$					

5.4.2.3　拉刀强度及拉床拉力校验

（1）拉削力

拉削时，虽然拉刀每个刀齿的切削厚度很薄，但由于同时参加工作的切削刃总长度很长,因此拉销力仍旧很大。

组合式圆孔拉刀的最大拉削力 F_{max} 为

$$F_{max} = F_c'\pi\frac{d_0}{2}z_e \qquad (5-12)$$

式中, F_c' 为刀齿切削刃单位长度切削力,N/mm,可由表 5-6 查得。

表 5-6　拉刀切削刃 1mm 长度上的切削力 F_c'(单位:N/mm)

切削厚度 h_D/mm	工件材料及硬度								
	碳钢			合金钢			铸铁		
	≤197 HBW	>197~ 229HBW	>229 HBW	≤197 HBW	>197~ 229HBW	>229 HBW	灰铸铁		可锻铸铁
							≤180HBW	>180HBW	
0.01	64	70	83	75	83	89	54	74	62
0.015	78	86	103	99	108	122	67	80	67
0.02	93	103	l23	124	133	155	79	87	72
0.025	107	119	141	l39	149	165	91	101	82
0.03	121	133	158	154	166	182	102	114	92
0.04	140	155	183	181	194	214	119	131	107
0.05	160	178	212	203	218	240	137	152	123
0.06	174	19l	228	233	251	277	148	163	131
0.07	l92	213	253	255	277	306	164	181	150
0.075	198	222	264	265	286	319	170	188	153
0.08	209	231	275	275	296	329	177	196	161
0.09	227	250	298	298	322	355	191	212	176
0.10	242	268	319	322	347	383	203	232	188
0.11	261	288	343	344	374	412	222	249	202
0.12	280	309	368	371	399	441	238	263	216
0.125	288	320	380	383	412	456	245	274	226
0.13	298	330	390	395	426	471	253	280	230
0.14	318	350	417	415	448	495	268	297	245
0.15	336	372	441	437	471	520	284	3l5	256
0.16	353	390	463	462	500	549	299	330	271

注:同廓式圆孔拉刀,其切削厚度 $h_D = f_Z$;组合式圆孔拉刀的 $h_D = 2f_Z$。式中, f_Z 为刀齿的齿升量。

(2)拉刀强度校验

拉刀工作时,主要承受拉应力,可按下式校验

$$\sigma = \frac{F_{max}}{A_{min}} \leq [\sigma] \qquad (5-13)$$

式中，A_{min} 为拉刀上的危险截面面积，mm^2；$[\sigma]$ 为拉刀材料的许用应力，MPa。

拉刀危险截面可能是柄部或第一个切削齿的容屑槽底部截面处。高速钢的许用应力 $[\sigma] = 343 \sim 392$ MPa，40Cr 钢的许用应力 $[\sigma] = 245$ MPa。

（3）拉刀拉力校验

拉刀工作时的最大拉削力一定要小于拉床的实际拉力，即

$$F_{max} \leqslant K_m F_m \tag{5-14}$$

式中，F_m 为拉床额定拉力，N；K_m 为拉床状态系数，新拉床 $K_m = 0.9$，较好状态的旧拉床 $K_m = 0.8$，不良状态的旧拉床 $K_m = 0.5 \sim 0.7$。

5.4.3 孔加工复合刀具设计

孔加工复合刀具是由两把或两把以上单个孔加工刀具结合在一个刀体上形成的专用刀具。这种刀具在组合机床及其自动线上获得广泛使用，一般需要进行专门设计。

本节主要介绍孔加工复合刀具的一些特殊要求和设计要点。

5.4.3.1 合理选择结构形式

①从保证刀具具有足够的强度和刚度的角度来选择结构形式。孔加工复合刀具所承受的总切削力是同时参加切削的各单个刀具切削力的总和，所以转矩及轴向力均较大，而其刀（体）杆直径尺寸又受到被加工孔径的限制。因此，对于强度和刚度较差的刀具，一般采用整体式结构。

②从保证工件加工精度及表面质量的角度来选择结构形式。复合刀具中只要有精加工刀具，应尽量采用整体式结构，以保证加工质量。

③从保证合理的使用寿命的角度来选择结构形式。为使复合刀具中各单个刀具的使用寿命尽可能相近，以减少换刀次数，节省换刀时间。

④从保证刃磨方便的角度来选择结构形式。凡要刃磨端面的复合刀具，一般应尽量采用装配式结构。因为如制成整体式或焊接式结构，在刃磨端齿（如钻－扩复合刀具时）会碰伤其他单个刀具。而制成装配式结构，刃磨时可拆开分别刃磨，避免干扰。

5.4.3.2 重视容屑及排屑问题

孔加工复合刀具切削时，同时参加工作的刀齿较多，会产生大量切屑。因此设计时必须引起重视，一般应注意以下两点：

（1）加大容屑空间

一般标准孔加工刀具（如扩孔钻、铰刀等）的容屑空间较小。在设计孔加工复合刀具时，应在刀齿强度允许的条件下，尽量增大容屑槽深度或适当减少刀齿数。

（2）排屑应畅通

为保证切屑能畅通无阻地从切削区排出，设计孔加工复合刀具时，应尽量使单个刀具切下的切屑，从各自的排屑槽中排出或使前、后刀齿的排屑槽圆滑连通，控制流向，使切屑互不干扰，顺利排出。

增大排屑槽的螺旋角也有利于排屑，一般麻花钻的螺旋角 $\beta = 30°$，复合钻的螺旋角则可增大至 40°左右。

一般细碎的切屑占用的容屑空间较小，也易排出。所以在较宽的切削刃上开出分屑槽，有利于排屑。

5.4.3.3　正确合理地选择导向装置

一般孔加工复合刀具的轴向尺寸较长，刚度相对较差。正确合理地选择导向装置，使复合刀具在切削时保持正确位置，提高工艺系统刚性，改善切削过程的稳定性，从而保证工件加工精度及表面质量。导向装置的选用原则、结构参数与组合机床总体设计中加工示意图的导向装置相同。

5.4.3.4　正确确定刀具总长度

孔加工复合刀具的长度与刀具的工作行程、被加工孔长度及相关尺寸、刀具铺磨量、导向装置尺寸等许多因素有关。设计时，要根据具体情况进行分析计算。

一般同类工艺孔加工复合刀具多用于加工多层壁上的同轴孔。此时，刀具工作行程长度由其中较大的一个壁厚确定，在图 5-20（a）中，工作行程 $L = l_1 + l_2 + l_3$。

在确定刀具长度时，要考虑待前一把刀具切入工件一定深度（切削过程比较稳定），后一把刀具才开始切入，即 $l_1 > l_1'$。因为前一把刀具刚切入时，由于刀杆悬伸量大，在切削力的作用下，会产生晃动，此时如果后一把刀具也切入，则切削力骤增，刀杆晃动得更厉害，会导致孔径加工误差显著扩大，加工精度降低。

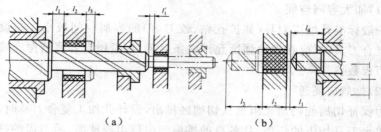

图 5-20　复合刀具的工作行程

(a)有导向杆的复合刀具的工作行程;(b)无导向杆的复合刀具的工作行程

　　不同类工艺孔加工复合刀具一般用于顺序加工同一孔。为了提高孔的加工精度和表面质量,应避免前(粗加工)、后(半精加工或精加工)刀具同时切削。如设计钻-扩复合刀具,如图 5-20(b)所示,确定刀具长度时,要考虑钻头完全切出后,扩孔钻才开始投入工作,即 $l_4 > l_2$。

　　图 5-21 所示为用复合扩孔钻加工阶梯孔时计算刀具长度及工作行程的例子。

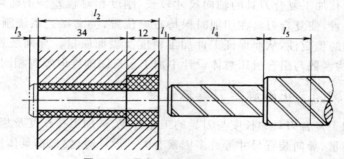

图 5-21　用复合扩孔钻加工阶梯孔

　　由图可知,阶梯孔的深度 $l_2 = (34+12)\text{mm} = 46 \text{ mm}$。

　　复合扩孔钻的工作行程为

$$L = l_1 + l_2 + l_3$$

式中,L 为工作行程,mm;l_1 为切入量,一般取 2~3 mm;l_2 为孔深,mm;l_3 为切出量,mm,一般取 2~3 mm。

　　如图 5-21 所示,该复合扩孔钻的工作行程为

$$L = (2+2+46) \text{ mm} = 50 \text{ mm}$$

　　由于钻头、扩孔钻和铰刀等刀具都是重磨端刃的,因此在设计复合刀具长度时,不仅要满足工作行程的要求,还需有备磨量,以保证刀具有足够的刃磨次数。备磨量的大小应根据刀具具体情况确定。

　　对于这把复合扩孔钻,可取备磨量为 4 mm,则前一把扩孔钻的实际长度应为

$$l_4 = l_3 + 34 \text{ mm} + 4 \text{ mm} = 40 \text{ mm}$$

后一把扩孔钻有效切削部分长度为

$$l_5 = l_1 + 12 \text{ mm} + 4 \text{ mm} = 18 \text{ mm}$$

因此,这把复合扩孔钻的实际工作行程为

$$L' = L + 4\text{mm} = (50 + 4) \text{ mm} = 54 \text{ mm}$$

第6章 工业机器人设计

近年来,机器人再度受到极大关注。

电视、电影中出现的机器人通常拥有超强的能力、超高的智能,人类将会对与机器人共同生活习以为常。同时,还有一些一直以来在工厂里默默无闻地工作着的工业机器人,也被赋予代表未来制造业发展水平的时代含义。

随着科学技术的进步,人类的体力劳动已逐渐被各种机械所取代。工业机器人作为第三次工业革命的重要切入点,即将改变现有工业生产的模式,提升工业生产的效率。

目前,工业机器人技术的应用非常广泛,上至宇宙开发,下到海洋探索,各行各业都离不开机器人的开发和应用。工业机器人的应用程度是衡量一个国家工业自动化水平的重要标志。

6.1 工业机器人概述

初期人们一般的理解,机器人是具有一些类似人的功能的机械电子装置或者自动化装置,它仍然是个机器,特点是具有感知功能、执行功能、可编程功能。随着人工智能技术的发展,作为人造的机器或者机械电子装置机器人演变成了能够自主感知环境、自主逻辑判断、自主控制执行和自主学习的机器,甚至是具有自我情感意识的机器。

我国对工业机器人的定义:工业机器人是一种能自动定位,可重复编程的多功能、多自由度的操作机;它可以搬运材料、零件或夹持工具,用以完成各种作业;它可以受人类指挥,也可以按照预先编排的程序运行,现代的工业机器人还可以根据人工智能技术制定的原则纲领行动。

工业机器人具有如下特点:

(1)可重复编程

工业机器人具有智力或具有感觉与识别能力,可根据其工作环境的变化进行再编程,以适应不同作业环境和动作的需要。

（2）拟人化

工业机器人在机械结构上有很多与人相似的部分，比如手爪、手腕、手臂等，这些结构都是通过电脑程序来控制的，能像人一样使用工具。

（3）通用性

一般工业机器人在执行不同的作业任务时具有较好的通用性，针对不同的作业任务可通过更换工业机器人手部（也称末端操作器，如手爪或工具等）来实现。

（4）机电一体化

第三代智能机器人不仅具有获取外部环境信息的各种传感器，而且还具有记忆能力、语言理解能力、图像识别能力、推理判断能力等人工智能，这些功能基于微电子技术和计算机技术的应用。工业机器人与自动化成套技术紧密结合，并融合了多项技术，包括工业机器人控制技术、机器人动力学及仿真、机器人构建有限元分析、激光加工技术、模块化程序设计、智能测量、建模加工一体化、工厂自动化及精细物流等，技术综合性强。

综上所述，工业机器人的四大特征，把工业机器人应用于人类的工作和生活等各方面，将给人类工作、生活带来许多方便，因此，可以看出工业机器人具有以下四个方面的优点：

①减少劳动力费用，减少材料浪费，降低生产成本。

②增加制造过程的柔性，控制和加快库存的周转。

③提高生产率，改进产品质量。

④消除了危险和恶劣工作环境的劳动岗位，保障安全生产。

6.2　工业机器人机械系统设计

6.2.1　机器人末端操作器

末端操纵器是连接在机器人手腕上的用于机器人执行特定工作的装置，又称手部。由于工业机器人所能完成的工作非常广泛，末端操纵器很难做到标准化，因此在实际应用当中，末端操纵器一般都是根据其实际要完成的工作进行定制。常用的有以下几类：

①夹钳式取料手。

②吸附式取料手。

③专用操作器及转换器。

④仿生多指灵巧手。

6.2.2 工业机器人的手腕

工业机器人的手腕是连接手臂和末端执行器的部件,用以调整末端执行器的方位和姿态。因此,它具有独立的自由度,以满足机器人手部完成复杂的姿态,通常由 2 个或 3 个自由度组成。

例如,设想用机器人的手部夹持一个螺钉对准螺孔拧入,首先必须使螺钉前端到达螺孔入口,然后必须使螺钉的轴线对准螺孔的轴线,使轴线相重合后拧入。这就需要调整螺钉的方位角,前者即手部的位置,后者即手部的姿态。

图 6-1 给出了一个 3 自由度机器人手腕的典型配置,组成这 3 个自由度的 3 个关节分别被定义如下。

①扭转(Roll):应用一个 T 形关节来完成相对于机器人手臂轴的旋转运动。

②俯仰(Pitch):应用一个 R 形关节来完成上下旋转摆动。

③偏摆(Yaw):应用一个 R 形关节来完成左右旋转摆动。

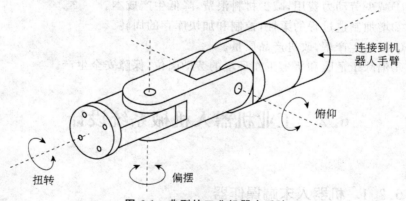

连接到机器人手臂

俯仰

扭转　　　偏摆

图 6-1　典型的工业机器人手腕

值得注意的是,SCARA 机器人是唯一不需要安装手腕的机器人,而其他机器人的手腕几乎总是由 R 形和 T 形关节配置组成的。

为了完整表示工业机器人的手臂及手腕结构,有时采用"手臂关节:手腕关节"的符号化形式来对其进行表示,如"TLR:TR"就表示了一个具有 5自由度机器人的手臂手腕结构,其中 TLR 代表手臂是由一个扭转关节(T)、一个线性关节(L)和一个转动关节(R)组成的,TR 代表手腕是由一个扭转关节(T)和一个转动关节(R)组成的。

6.2.3　工业机器人手臂

工业机器人的手臂(Manipulator)是由一系列的动力关节(Joint)和连杆(Link)组成的,是支撑手腕和末端执行器的部件,用以改变末端执行器的空间位置。通常,一个关节连接两个连杆,即一个输入连杆和一个输出连杆,机器人的力或运动通过关节由输入连杆传递给输出连杆,关节用于控制输入连杆与输出连杆间的相对运动。

工业机器人手臂关节通常可分为五种类型,其中两种为平移关节,三种为转动关节。这五种类型分别如下。

①L 形关节(线性关节):输入连杆与输出连杆的轴线平行,输入连杆与输出连杆间的相对运动为平行滑动,如图 6-2(a)所示。

②O 形关节(正交关节):输入连杆与输出连杆间的相对运动也是平行滑动,但输入连杆与输出连杆在运动过程中保持相互垂直,如图 6-2(b)所示。

③R 形关节(转动关节):输入连杆与输出连杆间做相对旋转运动,而旋转轴线垂直于输入和输出连杆,如图 6-2(c)所示。

④T 形关节(扭转关节):输入连杆与输出连杆间做相对旋转运动,但旋转轴线平行于输入和输出连杆,如图 6-2(d)所示。

⑤V 形关节(回转关节):输入连杆与输出连杆间做相对旋转运动,旋转轴线平行于输入连杆而垂直于输出连杆,如图 6-2(e)所示。

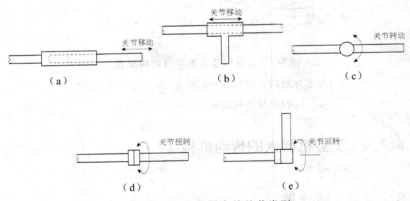

图 6-2　工业机器人的关节类型

由上述五种类型的工业机器人手臂关节进行不同的组合,可以形成多种不同的工业机器人结构配置,在实际应用中,为了简化,商业化的工业机器人通常仅采用下列五种结构配置之一,这五种配置正好是按坐标系划分的机器人分类。

①极坐标结构：如图 6-3(a)所示，由 T 形关节、R 形关节和 L 形关节配置组成。

②圆柱坐标结构：如图 6-3(b)所示，由 T 形关节、L 形关节和 O 形关节配置组成。

③直角坐标结构：如图 6-3(c)所示，由一个 L 形关节和两个 O 形关节配置组成。

④关节坐标结构：如图 6-3(d)所示，由一个 T 形关节和两个 R 形关节配置组成。

⑤SCARA 结构：如图 6-3(e)所示，由 V 形关节、R 形关节和 O 形关节配置组成。

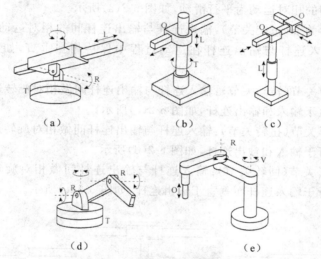

（a） （b） （c）

（d） （e）

图 6-3 工业机器人的手臂结构配置

(a)极坐标结构；(b)圆柱坐标结构；(c)直角坐标结构；

(d)关节坐标结构；(e)SCARA 结构

6.2.4 工业机器人的传动机构

6.2.4.1 减速器

（1）工业机器人的谐波减速器

谐波减速器是利用行星轮传动原理发展起来的一种新型减速器，是依靠柔性零件产生弹性机械波来传递动力和运动的一种行星轮传动。谐波减速器由固定的内齿刚轮、柔轮和使柔轮发生径向变形的波发生器三个基本构件组成。该减速器广泛用于航空、航天、工业机器人、机床微量进给、通信设备、纺织机械、化纤机械、造纸机械、差动机构、印刷机械、食品机械和医疗器械等领域。

1)谐波减速器的结构。谐波减速器由具有内齿的刚轮、具有外齿的柔轮和波发生器组成。通常波发生器为主动件,而刚轮和柔轮之一为从动件,另一个为固定件。

①波发生器。波发生器与输入轴相连,对柔轮齿圈的变形起产生和控制的作用。它由一个椭圆形凸轮和一个薄壁的柔性轴承组成。

②柔轮。柔轮有薄壁杯形、薄壁圆筒形或平嵌式等多种。薄壁圆筒形柔轮的开口端外面有齿圈,它随波发生器的转动而变形,筒底部分与输出轴连接。

③刚轮。刚轮是一个刚性的内齿轮。双波谐波传动的刚轮通常比柔轮多两齿。谐波齿轮减速器多以刚轮固定,外部与箱体连接。

2)谐波减速器的工作原理。当波发生器装入柔轮后,迫使柔轮的剖面由原来的圆形变成椭圆形,其长轴两端附近的齿与刚轮的齿完全啮合,而短轴两端附近的齿则与刚轮完全脱开,周长上其他区段的齿处于啮合和脱离的过渡状态。当波发生器沿某一方向连续转动时,会把柔轮上的外齿压到刚轮内齿圈的齿槽中去,由于外齿数少于内齿数,所以每转过一圈,柔轮与刚轮之间就产生了相对运动。在转动过程中柔轮产生的弹性波形类似于谐波,故称为谐波减速器。

3)谐波减速器的传动形式。单级谐波齿轮常见的传动形式如图 6-4 所示。

①刚轮固定,柔轮输出。刚轮固定不变,以波发生器为主动件,柔轮为从动件,如图 6-4(a)所示。该输出形式结构简单,传动比范围较大,效率较高,应用广泛,传动比 $i=75\sim500$。

②柔轮固定,刚轮输出。波发生器主动,单级减速,如图 6-4(b)所示。该输出形式结构简单,传动比范围较大,效率较高,可用于中小型减速器,传动比 $i=75\sim500$。

③波发生器固定,刚轮输出。柔轮主动,单级微小减速,如图 6-4(c)所示。该输出形式传动比准确,适用于高精度微调传动装置,传动比 $i=1.002\sim1.015$。

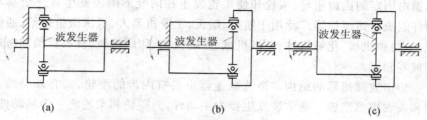

图 6-4　单级谐波齿轮常见的传动形式
(a)刚轮固定,柔性输出;(b)柔轮固定,刚轮输出;
(c)发生器固定,刚轮输出

（2）工业机器人的 RV 减速器

RV 减速器的传动装置采用的是一种新型的二级封闭行星轮系,是在摆线针轮传动基础上发展起来的一种新型传动装置,在机器人领域占有主导地位。RV 减速器与机器人中常用的谐波减速器相比,具有较高的疲劳强度、刚度和寿命,而且回差精度稳定,不像谐波减速器那样随着使用时间增长,运动精度显著降低,因此世界上许多高精度机器人传动装置多采用 RV 减速器。

1）RV 减速器的特点。

①传动比范围大,传动效率高。

②扭转刚度大,远大于一般摆线针轮减速器的输出机构。

③在额定转矩下,弹性回差误差小。

④传递同样转矩与功率时,RV 减速器较其他减速器体积小。

2）RV 减速器的结构。与谐波减速器相比,RV 传动不仅具有较高的疲劳强度、刚度及较长的寿命,而且回差精度稳定。不像谐波传动,随着使用时间的增长,运动精度就会显著降低,故高精度机器人传动多采用 RV 减速器,且有逐渐取代谐波减速器的趋势。图 6-5 所示为 RV 减速器结构示意图,主要有太阳轮、行星轮、转臂(曲柄轴)、摆线轮(RV 齿轮)、针齿、刚性盘与输出盘等零部件组成。

①太阳轮。太阳轮又称为中心轮,用来传递输入功率,且与渐开线行星轮互相啮合。

②行星轮。与曲柄轴固连,均匀分布在一个圆周上,起功率分流的作用,将齿轮轴输入的功率分流传递给摆线轮行星机构。

③曲柄轴。曲柄轴是摆线轮的旋转轴。它的一端与行星轮相连接,另一端与支承圆盘相连接。既可以带动摆线轮产生公转,也可以使摆线轮产生自转。

④摆线轮。为了在传动机构中实现径向力的平衡,一般要在曲柄轴上

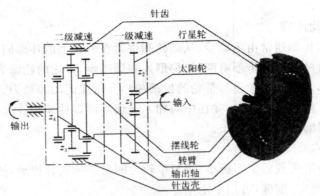

图 6-5　RV 减速器结构示意

安装两个完全相同的摆线轮,且两摆线轮的偏心位置相互成 180°。

⑤针轮。针轮上安装有多个针齿,与壳体固连在一起,统称为针轮壳体。

⑥刚性盘。刚性盘是动力传动机构,其上均匀分布轴承孔,曲柄轴的输出端通过轴承安装在这个刚性盘上。

⑦输出盘。输出盘是减速器与外界从动工作机相连接的构件,与刚性盘相互连接成为一体,输出运动或动力。

3)RV 减速器的工作原理。如图 6-5 所示,主动的太阳轮与执行电动机的旋转中心轴相连,如果渐开线中心轮顺时针旋转,它将带动 3 个呈 120°布置的行星轮绕中心轮轴心顺时针方向公转,同时还使 3 个行星轮逆时针方向自转,进行第一级减速;3 个曲柄轴与行星轮相固联而同速转动,带动铰接在 3 个曲柄轴上的两个相位差为 180°的摆线轮,使摆线轮公转,同时由于摆线轮与固定的针轮相啮合,在其公转过程中会受到针轮的作用力而形成与摆线轮公转方向相反的力矩,进而使摆线轮产生自转运动,完成第二级减速。输出机构(即行星架)由装在其上的 3 对曲柄轴支撑轴承来推动,把摆线轮上的自转矢量等速传递出去。

6.2.4.2　同步带传动

带传动是利用张紧在带轮上的柔性带进行运动或动力传递的一种机械传动,用于传递平行轴之间的回转运动,或把回转运动转换成直线运动。

根据工作原理的不同,带传动可分为摩擦带传动和啮合带传动两类。

摩擦带传动是依靠带与带轮之间的摩擦力传递运动的,按带的横截面形状的不同可分为 4 种类型:平带、V 带、圆形带和多楔形带。

啮合带传动通常指同步带传动,是依靠带与带轮上的齿相互啮合来传递运动的。

（1）结构原理

同步带传动通常由主动轮、从动轮和张紧在两轮上的环形同步带组成。

同步带的工作面齿形有两种：梯形齿和圆弧齿，带轮的轮缘表面也做成相应的齿形，运行时，带齿与带轮的齿槽相啮合传递运动和动力。同步带一般采用氯丁橡胶作为基材，并在中间加入玻璃纤维等伸缩刚性大的材料，齿面上覆盖耐磨性好的尼龙布。

（2）特点

①同步带受载后变形极小，带与带轮之间是靠齿啮合传动，故无相对滑动，传动比恒定、准确，可用于定位。

②同步带薄且轻，可用于速度较高的场合，传动时线速度可达 40 m/s，传动比可达 10，传动效率可达 98％。

③结构紧凑，耐磨性好，传动平稳，能吸振，噪声小。

④由于预拉力小，承载能力也较小，被动轴的轴承不宜过载。

⑤制造和安装精度要求高，必须有严格的中心距，故成本较高。

由于同步带传动惯性小，且有一定的刚度，所以适合于机器人高速运动的轻载关节。

6.2.4.3 线性模组

线性模组是一种直线传动装置，主要有两种方式：一种由滚珠丝杠和直线导轨组成，另一种是由同步带及同步带轮组成。

线性模组常用于直角坐标机器人中，用来完成运动轴相应的直线运动。

（1）滚珠丝杠型

1）基本结构。滚珠丝杠型线性模组主要由滚珠丝杠、直线导轨、轴承座等部分组成。

滚珠丝杠是将回转运动转化为直线运动，或将直线运动转化为回转运动的理想的产品，由丝杠、螺母、滚珠和导向槽组成，在丝杠和螺母上加工有弧形螺旋导向槽，当它们套装在一起时便形成螺旋滚道，并在滚道内装满滚珠。而螺母是安装在滑块上的。直线导轨由滑块和导轨组成，其中导轨的材料一般是铝合金型材。轴承座的作用是支撑丝杠。有的模组是自身带有驱动装置（如电机），用驱动座固定，而有的模组自身不带驱动装置，需要额外的驱动设备通过传动轴来驱动丝杠。

2）工作原理。当丝杠转动时，带动滚珠沿螺旋滚道滚动，迫使二者发生轴向相时运动，带动滑块沿导轨实现直线运动。为避免滚珠从螺母中掉出，在螺母的螺旋槽两端设有回程引导装置，使滚珠能循环地返回滚道，丝杠与螺母之间构成一个闭合回路。

3）特点。滚珠丝杠型线性模组具有以下特点：

①高刚性、高精度。由于滚珠丝杠副可进行预紧并消除间隙，因而模组的轴向刚度高，反向时无空行程（死区），重复定位精度高。

②高效率。由于丝杠与螺母之间是滚动摩擦，摩擦损失小，一般传动效率可达 92%～96%。

③体积小，质量轻，易安装，维护简单。

（2）同步带型

1）基本结构。同步带型直线模组主要由同步带、驱动座、支撑座和直线导轨等组成。

模组的同步带与同步带传动的结构相似，驱动座的带轮是主动轮，驱动模组直线运动，而支撑座的带轮是从动轮，是张紧装置。直线导轨结构与滚珠丝杠型线性模组类似，区别是它的滑块是固定在同步带上的。

2）工作原理。同步带安装在直线模组两侧的传动轴上，在同步带上固定一块用于增加设备工件的滑块。当驱动座输入运动时，通过带动同步带而使滑块运动。通常同步带型直线模组经过特定的设计，在支撑座可以控制同步带运动的松紧，方便设备在生产过程中的调试。

6.3 工业机器人控制系统设计

工业机器人控制器是根据机器人的作业指令程序以及传感器反馈回来的信号，支配操作机完成规定运动和功能的装置。它是机器人的关键和核心部分，类似于人的大脑，通过各种控制电路中硬件和软件的结合来操作机器人，并协调机器人与周边设备的关系。

6.3.1 工业机器人的位置控制

工业机器人位置控制的目的，就是要使机器人各关节实现预先所规划的运动，最终保证工业机器人末端执行器沿预定的轨迹运行。对于关节空间位置控制，如图 6-6 所示，将关节位置给定值与当前值相比较得到的误差作为位置控制器的输入量，经过位置控制器的运算后，将输出作为关节速度控制的给定值。因此，工业机器人每个关节的控制系统都是闭环控制系统。此外，对于工业机器人的位置控制，位置检测元件是必不可少的。关节位置控制器常采用 PID 算法，也可采用模糊控制算法等智能方法。

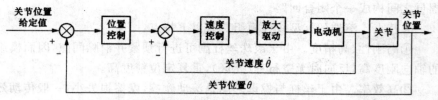

图 6-6　机器人位置控制示意图

6.3.1.1　单关节位置控制

（1）单关节的建模与控制

下面以直流伺服电动机为例进行分析。

图 6-7 和图 6-8 分别为电枢绕组等效电路图和机械传动原理图。

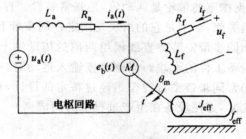

图 6-7　电枢绕组等效电路图

u_a—电枢电压；u_f—励磁电压；L_a—电枢电感；L_f—励磁绕组电感；
R_a—电枢电阻；R_f—励磁绕组电阻；i_a—电枢电流；i_f—励磁电流；e_b—反电动势

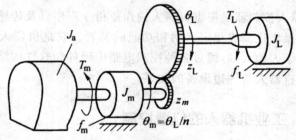

图 6-8　机械传动原理图

θ_m—电动机轴角位移；θ_L—负载轴角位移；J_m—折合到电动机轴的惯性矩；
J_L—折合到负载轴的负载惯性矩；f_m—折合到电动机轴的黏性摩擦因数；
f_L—折合到负载轴的黏性摩擦因数；z_m—电动机齿轮齿数；z_L—负载齿轮齿数；
T_m—电动机输出力矩

从电动机轴到负载轴的传动比为 n，$n = z_m / z_L$，则折算到电动机轴上的总惯性矩 J_{eff} 及等效黏性摩擦因数 f_{eff} 为

$$J_{eff} = J_m + n^2 J_L \qquad (6-1)$$

$$f_{\text{eff}} = f_{\text{m}} + n^2 f_{\text{L}} \tag{6-2}$$

电枢绕组的电压平衡方程式为

$$U_{\text{a}}(t) = R_{\text{a}} i_{\text{a}}(t) + L_{\text{a}} \frac{d i_{\text{a}}(t)}{dt} + e_{\text{b}}(t) \tag{6-3}$$

电动机轴力矩平衡方程式为

$$T_{\text{m}}(t) = J_{\text{eff}} \ddot{\theta} + f_{\text{eff}} \dot{\theta}_{\text{m}} \tag{6-4}$$

机械部分与电气部分的耦合包括两个方面:电动机轴上产生的力矩与电枢电流成正比,电动机的反电动势与电动机的角速度成正比,即

$$T_{\text{m}}(t) = k_{\text{a}} i_{\text{a}}(t) \tag{6-5}$$

$$e_{\text{b}}(t) = k_{\text{b}} \dot{\theta}_{\text{m}}(t) \tag{6-6}$$

式中,k_{a} 为电动机的电流—力矩比例常数,N·m/A;k_{b} 为电动机的反电动势比例常数,V/(rad/s)。

对式(6-3)~式(6-6)进行拉普拉斯变换并化简,得到从电枢电压到电动机轴角位移的开环传递函数为

$$\frac{\theta_{\text{m}}(s)}{U_{\text{a}}(s)} = \frac{k_{\text{a}}}{s[s^2 L_{\text{a}} J_{\text{eff}} + (L_{\text{a}} f_{\text{eff}} + R_{\text{a}} J_{\text{eff}})s + R_{\text{a}} f_{\text{eff}} + k_{\text{a}} k_{\text{b}}]} \tag{6-7}$$

由于电动机的电气时间常数大大小于其机械时间常数,因此可以忽略电枢的电感 L_{a} 的作用,可将上面的方程式(6-7)简化为

$$\frac{\theta_{\text{m}}(s)}{U_{\text{a}}(s)} = \frac{k_{\text{a}}}{s(s R_{\text{a}} J_{\text{eff}} + R_{\text{a}} f_{\text{eff}} + k_{\text{a}} k_{\text{b}})} = \frac{k}{s(T_{\text{m}} s + 1)} \tag{6-8}$$

式中,电动机增益常数为

$$k = \frac{k_{\text{a}}}{R_{\text{a}} f_{\text{eff}} + k_{\text{a}} k_{\text{b}}}$$

电动机时间常数为

$$T_{\text{m}} = \frac{R_{\text{a}} J_{\text{eff}}}{R_{\text{a}} f_{\text{eff}} + k_{\text{a}} k_{\text{b}}}$$

电枢电压 $U_{\text{a}}(s)$ 与关节角位移 $\theta_{\text{L}}(s)$ 之间的传递函数为

$$\frac{\theta_{\text{L}}(s)}{U_{\text{a}}(s)} = \frac{n k_{\text{a}}}{s(s R_{\text{a}} J_{\text{eff}} + R_{\text{a}} f_{\text{eff}} + k_{\text{a}} k_{\text{b}})} \tag{6-9}$$

系统方框图如图 6-9 所示。

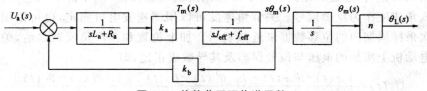

图 6-9　单关节开环传递函数

（2）单关节位置控制器

所谓单关节控制器，就是指不考虑关节之间相互影响，只根据一个关节独立设置的控制器。单关节位置控制器的作用是利用电动机组成的伺服系统使关节的实际角位移 θ_L 跟踪期望的角位移 θ_L^d。把伺服误差作为电动机的输入信号，产生适当的电压，构成闭环系统，即

$$U_a(t) = \frac{k_p e(t)}{n} = \frac{k_p [\theta_L^d(t) - \theta_L(t)]}{n} \tag{6-10}$$

式中，k_p 为位置反馈增益，V/rad；$e(t) = \theta_L^d(t) - \theta_L(t)$ 为系统误差；n 为传动比。

这样就可以利用负载轴的角位移负反馈把单关节机器人的控制从开环系统转变为闭环系统，如图 6-10 所示。关节角度可用位置传感器如光电码盘等测出。

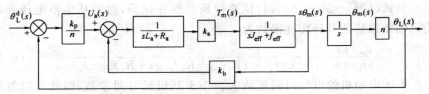

图 6-10　带位置反馈的闭环控制方框图

对式（6-10）进行拉普拉斯变换，再根据图 6-10 可得出误差驱动信号 $E(s)$ 与实际角位移 $\theta_L(s)$ 之间的开环传递函数，即

$$G = \frac{\theta_L(s)}{E(s)} = \frac{k_p k_a}{s(s R_a J_{eff} + R_a f_{eff} + k_a k_b)} \tag{6-11}$$

由此可得位移反馈时的闭环传递函数，它表示实际角位移与期望角位移之间的关系。

$$\frac{\theta_L(s)}{\theta_L^d(s)} = \frac{G(s)}{1 + G(s)} = \frac{k_a k_p}{s^2 R_a J_{eff} + s(R_a f_{eff} + k_a k_b) + k_a k_p} \tag{6-12}$$

$$= \frac{k_a k_p / (R_a J_{eff})}{s^2 + s(R_a f_{eff} + k_a k_b)/(R_a J_{eff}) + k_a k_p/(R_a J_{eff})}$$

式（6-12）表明单关节机器人的位置控制器是一个二阶系统，当系统参数均为正时，总是稳定的。为了改善系统的动态性能，减小静态误差，可引入角速度作为反馈信号。关节角速度可以用测速发电机测定，也可以用两次采样周期内的位移数据来近似表示。加上位置和速度负反馈之后，关节电动机上所加的电压与位置误差及其导数成正比，即

$$U_a(t) = \frac{k_p e(t) + k_v \dot{e}(t)}{n} = \frac{k_p [\theta_L^d(t) - \theta_L(t)] + k_v [\dot{\theta}_L^d(t) - \dot{\theta}_L(t)]}{n}$$

$$\tag{6-13}$$

式中，k_v 为速度反馈增益；n 为传动比。

这种闭环控制系统的框图如图 6-11 所示。对式（6-13）进行拉普拉斯变换，再把变换后的结果代入式（6-8）中，得到

$$\frac{\theta_L(s)}{E(s)}=\frac{sk_ak_v+k_pk_a}{s^2R_aJ_{eff}+s(R_af_{eff}+k_ak_b)}\qquad(6\text{-}14)$$

由此可以得出表示实际角位移与期望角位移之间的闭环传递函数，即

$$\frac{\theta_L(s)}{\theta_L^d(s)}=\frac{sk_ak_v+k_ak_p}{s^2R_aJ_{eff}+s(R_af_{eff}+k_ak_b+k_ak_v)+k_ak_p}\qquad(6\text{-}15)$$

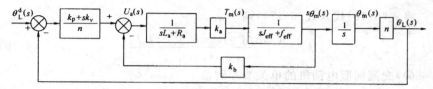

图 6-11　带位置反馈及速度反馈的闭环控制框图

（3）速度和位置反馈增益的确定

二阶系统的特征方程具有下面的标准形式：

$$s^2+2\xi\omega_ns+\omega_n^2=0$$

式中，ξ 为系统阻尼比；ω_n 为系统的无阻尼自然频率。

在式（6-15）中，系统的闭环传递函数特征方程为

$$s^2R_aJ_{eff}+s(R_af_{eff}+k_ak_b+k_ak_v)+k_ak_p=0\qquad(6\text{-}16)$$

与标准形式比较可得

$$\omega_n^2=\frac{k_ak_p}{R_aJ_{eff}}$$

$$2\xi\omega_n=\frac{R_af_{eff}+k_ak_b+k_ak_v}{R_aJ_{eff}}$$

由上两式可得系统阻尼比 ξ 为

$$\xi=\frac{R_af_{eff}+k_ak_b+k_ak_v}{2\sqrt{k_ak_pR_aJ_{eff}}}$$

在工业机器人控制系统中，为了安全起见，希望系统具有临界阻尼或过阻尼，即要求系统阻尼比 $\xi\geqslant1$，因此，当

$$\xi=\frac{R_af_{eff}+k_ak_b+k_ak_v}{2\sqrt{k_ak_pR_aJ_{eff}}}\geqslant1$$

$$k_v\geqslant\frac{2\sqrt{k_ak_pR_aJ_{eff}}-R_af_{eff}-k_ak_b}{k_a}\qquad(6\text{-}17)$$

k_v 与 k_p 相关，在确定 k_p 时要考虑操作臂的结构共振频率。当机器人空载时，惯性转矩为 J_0，结构共振频率为 ω_0，负载时惯性转矩为 J_{eff}，结构共振频率为

$$\omega_s = \omega_0 \sqrt{J_0 / J_{\mathrm{eff}}}$$

为了不激起结构共振和系统共振,一般选择闭环系统的无阻尼自然频率 ω_n 不超过关节结构共振频率 ω_s 的一半,即

$$\omega_n \leqslant 0.5\omega_s$$

据此,调整位置反馈增益 k_p,而且应是 $k_p > 0$(位置反馈是负反馈),则得出

$$0 < k_p \leqslant \frac{\omega_0^2 J_0 R_a}{4k_a} \tag{6-18}$$

将式(6-18)代入式(6-17),则

$$k_v \geqslant \frac{R_a \omega_0 \sqrt{J_{\mathrm{eff}} J_0} - R_a J_{\mathrm{eff}} - k_a k_b}{k_a} \tag{6-19}$$

(4)交流伺服电动机的单关节控制器

以三相丫连接 AC 无刷电动机为例,需要对三相绕组进行控制,因此可以得到图 6-12 所示电流控制框图。

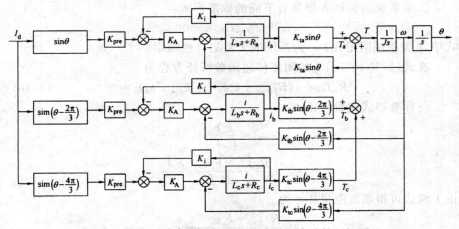

图 6-12　三相丫联连接 AC 无刷电动机电流控制框图

K_{pre}—电流信号前置放大系数;T_a、T_b、T_c—三相绕组产生的转矩;

K_i—电流环反馈系数;i_a、i_b、i_c—三相绕组电流;K_A—电流调节器放大系数;

J—电动机轴上的总转动惯量;I_d、L_a、L_b、L_c、R_a、R_b、R_c—三相绕组要求的电流、电感和电阻;

$K_{\mathrm{ta}}\sin\theta$、$K_{\mathrm{tb}}\sin\left(\theta - \frac{2\pi}{3}\right)$、$K_{\mathrm{tc}}\sin\left(\theta - \frac{4\pi}{3}\right)$—三相绕组的转矩常数

每相电流为正弦波,但彼此相差 $120°$,即 $I_d\sin\theta$、$I_d\sin(\theta - 2\pi/3)$、$I_d(\theta - 4\pi/3)$。

如同直流伺服电动机一样,交流伺服电动机的绕组由电感和电阻构成,加到绕组上的电流与电压关系仍为一阶隙性环节,即

$$U \rightarrow \left(\frac{1}{L_s + R}\right) \rightarrow I$$

每相电流乘以相应的转矩常数就是该相产生的转矩。也如同直流电动机，反电动势正比于转速，即 $K_{ta}\sin\theta\omega$、$K_{tb}\sin(\theta-2\pi/3)\omega$ 和 $K_{tc}\sin(\theta-4\pi/3)\omega$ 为三相的反电动势。最后三相转矩之和为电动机总转矩 T。这样一个三相丫连接 AC 无刷电动机模型就如图 6-12 所描述的。

从图 6-13 结构中，可得出下面方程

$$T = T_a + T_b + T_c = \left\{\left[I_d\sin\theta - K_i i_a\right]K_A - \omega K_{ta}\sin\theta\right\}\left[\frac{K_{ta}\sin\theta}{L_a s + R_a}\right] +$$
$$\left\{\left[I_d\sin(\theta-2\pi/3)K_{pre} - K_i i_b\right]K_A - \right.$$
$$\left. \omega K_{tb}\sin(\theta-2\pi/3)\right\}\left[\frac{K_{tb}\sin(\theta-2\pi/3)}{L_b s + R_b}\right] +$$
$$\left\{\left[I_d\sin(\theta-4\pi/3)K_{pre} - K_i i_c\right]K_A - \right.$$
$$\left. \omega K_{tc}\sin(\theta-4\pi/3)\right\}\left[\frac{K_{tc}\sin(\theta-2\pi/3)}{L_c s + R_c}\right] \tag{6-20}$$

在电动机制造时，总是保证各相参数相等，即

$$\left.\begin{array}{l} K_{ta} = K_{tb} = K_{tc} = K_{tp} \\ L_a = L_b = L_c = L_p \\ R_a = R_b = R_c = R_p \end{array}\right\} \tag{6-21}$$

这样，可以把图 6-12 转换为等效的直流伺服电动机电流控制系统结构框图，如图 6-13 所示。可以根据图 6-13 来分析无刷电动机的电流控制系统。但关节控制系统是位置控制系统，所以，要在电流控制基础上增加位置负反馈环或速度、位置负反馈环，如图 6-14 所示。

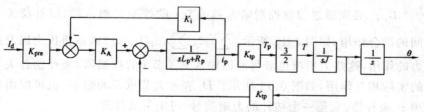

图 6-13　AC 无刷电动机电流控制系统结构框图

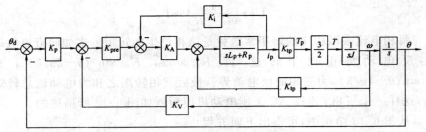

图 6-14　AC 无刷电动机电流、速度、位置控制框图

6.3.1.2　多关节位置控制

所谓多关节位置控制，是指考虑各关节之间的相互影响而对每一个关节分别设计的控制器。前述的单关节控制器，是把机器人的其他关节锁住，工作过程中依次移动(或转动)一个关节，这种工作方法显然效率很低。但若多个关节同时运动，则各个运动关节之间的力或力矩会产生相互作用，因而不能运用前述的单个关节的位置控制原理。要克服这种多关节之间的相互作用，必须添加补偿作用，即在多关节控制器中，机器人的机械惯性影响常常被作为前馈项考虑。

具有 n 个连杆的机械手系统的动力学方程如下

$$T_i = \sum_{j=1}^{n} \boldsymbol{D}_{ij}\dot{q}_j + I_{ai}\ddot{q}_j + \sum_{j=1}^{n}\sum_{k=1}^{n} \boldsymbol{D}_{ijk}\dot{q}_j\dot{q}_k + D_i \tag{6-22}$$

式中，q、$\dot{q}$、$\ddot{q}$ 分别为关节位置、速度和加速度变量；T_i 为关节力矩；$\boldsymbol{D}_{ij}$ 为惯量矩阵；D_{ijk} 为向心力和哥氏力；D_i 为重量项。

由式(6-22)可以看出，每个关节所需的力或力矩由四部分组成，在多个关节同时运动的情况下，存在关节之间耦合惯量的作用。这些力矩项 $\sum_{j=1}^{n}\boldsymbol{D}_{ij}\dot{q}_j$ 必须通过前馈控制输入到关节 i 的控制器输入端，以补偿关节之间的耦合作用，如图 4-18 所示。$\sum_{j=1}^{n}\sum_{k=1}^{n}D_{ijk}\dot{q}_j\dot{q}_k$ 表示哥氏力以及向心力的作用，这些力矩项也必须前馈输入到关节 i 的控制器，来补偿各关节间的实际相互作用，如图 6-11 所示。D_i 表示关节重量的影响，也可以由前馈项 τ_i 来补偿，它是一个估计的力矩信号，可由下式计算

$$\tau_i = (R/KK_R)\bar{\tau}_g \tag{6-23}$$

式中，$\bar{\tau}_g$ 为重力矩 τ_g 的估计值。

采用 D_i 作为关节 i 控制器的最优估计值，式(6-23)能够设定关节 i 的 $\bar{\tau}_g$ 值。图 6-15 给出了工业机器人的第 i 个关节控制器的完整框图。

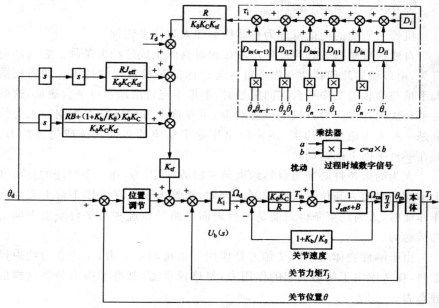

图 6-15 多关节位置控制器设计原理图

对于式(6-23),若取 $n=6$,则有

$$\boldsymbol{D}_{ij} = \sum_{p=\max i,j}^{6} \mathrm{Trace}\left(\frac{\partial \boldsymbol{T}_p}{\partial q_j} I_p \frac{\partial \boldsymbol{T}_P^T}{\partial q_i}\right)$$

$$\boldsymbol{D}_{ijk} = \sum_{p=\max i,j,k}^{6} \mathrm{Trace}\left(\frac{\partial^2 \boldsymbol{T}_p}{\partial q_j \partial q_k} I_p \frac{\partial \boldsymbol{T}_P^T}{\partial q_i}\right) \qquad (6\text{-}24)$$

$$\boldsymbol{D}_i = \sum_{p=i}^{6} -m_p g^T \frac{\partial \boldsymbol{T}_p}{\partial q_j}{}^p r_p$$

6.3.2 工业机器人的力(力矩)控制

在喷漆、点焊等机器人作业时,机器人把持工具沿规定的轨迹运动,机器人末端执行器始终不与外界物体相接触,这时,只对机器人做位置控制就可以了。

力只有在两个物体接触后才能产生,因此力控制是首先将环境考虑在内的控制问题。为了对机器人进行力控制,需要分析机器人手爪与环境的约束状态,并根据约束条件制定控制策略;环境对机器人的位置或力施加了约束后,对被施加了约束的机器人进行控制,比对一般机器人实施控制要复杂得多。

6.3.2.1　约束条件

机器人所受的约束可分为自然约束和人为约束两种。

自然约束是指工具与外界环境接触时自然生成的约束条件。它与环境有关，由环境的几何特性及作业特性等引起的对机器人的约束。如当机器人手爪与静止的工作平台表面接触时，手爪不能自由地通过平台表面，这就在平台法向存在一种自然的位置约束，可在这个方向施加力控制。人为约束是一种人为施加的约束，用来确定作业中期望的运动轨迹或施加的力。如在平台平面上的运动轨迹。

人为约束条件必须与自然约束条件相适应，因为，在一个给定的自由度上不能同时对力和位置实施控制。因此，机器人手爪在工作平台上完成操作作业时，人为约束条件只能是平台表面的路径轨迹和与平台垂直方向上的接触力。

由于刚性物体之间的接触力是作用于系统的主要力，在建立力约束模型时，仅考虑由于接触引起的作用力，忽略像重力、某些摩擦力分量这样的静态力。

根据机器人末端执行器与工作环境的接触情况，可以把机器人的任务与一组约束相关联。例如，当机器人末端执行器与静止的刚性表面接触时，不允许通过表面，因此，一个固有的位置约束存在；如果表面是光滑的，就不可能对手施加与表面相切的力。

在环境的接触模型中，用沿表面法向的位置约束和沿表面切向的力约束定义一个广义表面（Generalized Surface）。广义表面是一种特殊的多维曲面，它的维数可以分为位移和力两大类。

为了便于描述约束情况，可用一个坐标系$\{C\}$来取代这一广义表面，称坐标系$\{C\}$为约束坐标系。它总是处于与某项具体任务相关的位置，根据任务的不同，它可能固定在环境中，或与末端执行器一起运动。

在自然约束中，某方向如果力约束为零，就能沿该方向进行运动控制；反之，如果运动约束为零，必然受力的约束，能够实施力的控制，即力的约束与运动是对偶的。人工约束指出了能够实施运动和力控制的方向。

自然约束和人为约束把机器人的运动分成两组正交的特征：力和运动；对每一组可以按不同的准则进行控制。

6.3.2.2　经典力控制

（1）阻抗控制

阻抗控制的概念是 N. Hogan 在 1985 年提出的。它在系统模型中引入了阻尼项。机械阻抗根据所选取的运动量可分为位移阻抗（又叫动刚度）、速度阻抗和加速度阻抗三种。把末端执行器与环境的接触看成由惯量－弹簧－阻尼三项组成的阻抗系统。期望力为

$$F_d = K\Delta X + B\Delta \dot{X} + M\Delta \ddot{X} \tag{6-25}$$

式中，$\Delta X = X_d - X$，X_d 为名义位置，X 为实际位置，它们的差 ΔX 为位置误差；K、B、M 为弹性、阻尼和惯量系数矩阵，一旦 K、B、M 被确定，则可得到笛卡儿坐标的期望动态响应。利用式(6-25)计算关节力矩，无需求运动学逆解，而只需计算正运动学方程和雅可比矩阵的逆 J^{-1}。

所谓阻抗控制，就是通过适当的控制方法使机械手末端执行器表现出期望的刚性和阻尼。通常对于需要进行位置控制的自由度，要求在该方向上有很大的刚性，即表现出很硬的特性。而对于需要进行力控制的自由度，则要求在该方向上有较小的刚性，即表现出柔软的特性。

（2）力和位置混合控制

力和位置混合控制的核心是在一定的空间坐标中将任务分解成不同自由度上的位置控制和力控制。对不同自由度上的位置控制和力控制进行计算，计算结果在空间坐标中结合形成统一的关节控制力矩。

力和位置混合控制的基本原理图如图 6-16 所示。

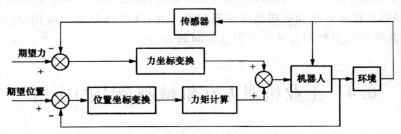

图 6-16　力和位置混合控制原理图

Raibert 和 Craig 提出了著名的 R－C 控制器，一种力和位置混合控制方案，如图 6-17 所示。R－C 控制器的输入变量包括力、位置、速度等。

R－C 控制器中，机器人各关节驱动电动机的力矩分别由位置环（上部）和力控制环（下部）这两个相对独立的控制环共同提供。位置环由 PI 调节器整定，而力控制环由带限幅器的 PI 调节器整定。

机器人的关节位置 q 由光电码盘获取，速度可由测速发电机获取，力反馈信号由腕力传感器获取。施加力控制或位置控制的自由度由顺应选择矩阵 s 确定。s 为 6×6 对角阵，即

$$s = \text{diag}(s_1, s_2, s_3, s_4, s_5, s_6)$$

其对角线元素为 1 或 0。I 是 6×6 的单位矩阵。$I - s$ 是选择矩阵 s

的逆。

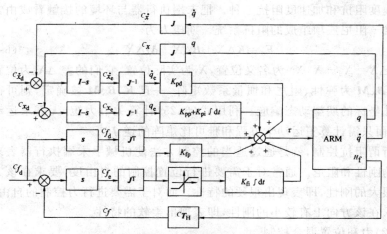

图 6-17   R—C 力和位置混合控制框图

6.3.2.3   先进力控制

经典力控制方法在简单操作任务中可以有效地控制力和位置,但在完成复杂任务的过程中,面临着模型参数不确定、接触环境不确定及外界干扰等问题,从控制效果和适用范围来看仍有不足,无法使其推广应用,这就需要研究先进的力控制方法来克服这些问题。

6.4   工业机器人在机械制造中的应用

自从世界上第一台工业机器人诞生以来,机器人产业就以惊人的生命力迅速发展,直接推动了传统制造业的深刻变革。今天,这种变革正在向新经济时代的制造业进一步蔓延和渗透。在智能制造体系中,工业机器人是支撑整个系统有序运作必不可少的关键硬件。人机协作、机器换人等方式将加速生产过程的柔性化进程,解放劳动力,改变生产模式。

6.4.1   搬运机器人及其应用

在柔性制造中,机器人作为搬运工具获得了广泛的应用,搬运机器人主要完成物料的传送工作和机床上、下料工作。图 6-18 所示为由 1 台 CNC车床、1 台 CNC 铣床、立体仓库、传送轨道、有轨小车、包装站及 2 台关节型机器人组成的教学型 FMS。两台机器人在 FMS 中服务，机器人 ER 9 服务于两台 CNC 机床和传送带之间，为 CNC 车床和 CNC 铣床装卸工件，机器人 ER 5 位于传送轨道和包装站之间，负责将加工完的工件从有轨小车上卸下并送到包装站，工件将在包装站进行包装。

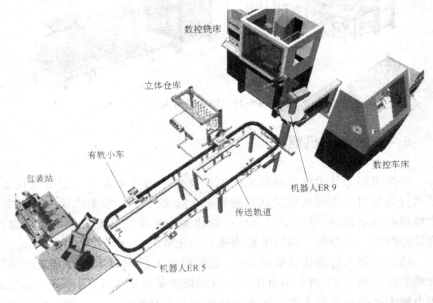

图 6-18　教学型 FMS

　　图 6-19 所示为龙门式布局的移动式搬运机器人，两台移动式搬运机器人能在空架导轨上行走，服务于传送带和数控机床之间，为数控机床装卸工件。机器人沿着空架导轨行走，活动范围大。

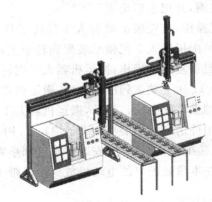

图 6-19　龙门式布局的移动式搬运机器人

　　图 6-20 所示为一包装生产线，位于传送带末端的码垛机器人被用来将

传送带传过来的包装箱整体地码放在旁边的货架上。

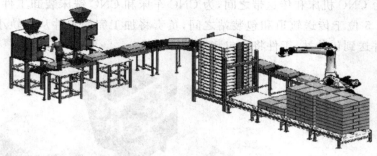

图 6-20　码垛机器人

6.4.2　装配机器人

装配机器人是柔性自动化装配工作现场中的主要部分。它可以在 2 s 至几分钟的时间里搬送质量从几克到 100 kg 的工件。装配机器人有至少 3 个可编程的运动轴，经常用来完成自动化装配工作。装配机器人也可以作为装配线的一部分按一定的节拍完成自动化装配。

随着机器人智能化程度的提高，装配机器人已可以实现对复杂产品的自动装配。图 6-21 所示为直流伺服电动机的某装配工段，图中有一台负载能力较大的搬运机器人和三台定位精度较高的装配机器人。该装配工段的装配操作如下：

①把油封和轴承装配到转子上，装上端盖。

②安装定子，插入紧固螺栓。

③装入螺母和垫圈，并把它们旋紧。

为完成上述装配操作，首先搬运机器人 1 把转子从传送带 6 搬运到第一装配工作台 9 上，装配机器人 2 把轴承装配到转子上，利用压床把轴承安装到位，接下来对油封重复上述操作；搬运机器人 1 把转子组件送到缓冲站 8，从第二装配工作台 11 送上端盖到压床台面，搬运机器人 1 把转子组件置入端盖，利用压床把端盖装配到位。然后，搬运机器人 1 把定子放到转子外围，并把电动机装配组件送到第二装配工作台 11 上，用装配机器人插入四个螺栓。最后在第三装配工作台 13 上安装好螺母和垫圈，并紧固好四个螺母，搬运机器人 1 把在本段装配好的电动机放到传送带上，传送带把电动机传送到下一个工段。

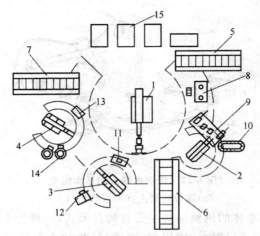

图 6-21　带有机器人的装配系统

1—搬运机器人；2、3、4—装配机器人；

5、6、7—传送带；8—缓冲站；9、11、13—装配工作台；

10—圆盘传送带；12—螺栓料仓；14—振动料槽；15—控制器

6.4.3　焊接机器人及其应用

通常，焊接机器人是在通用工业机器人的基础上，通过为通用工业机器人安装专用的末端操作器（焊枪），并配置焊接所需要的焊接电源（包括其控制系统）、送丝机（弧焊）、焊枪（钳）等部分组成的。对于智能机器人还应有传感系统，如激光或摄像传感器及其控制装置等。图 6-22（a）、（b）表示弧焊机器人和点焊机器人的基本组成。

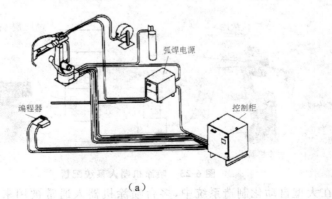

（a）

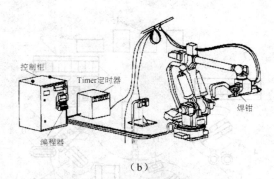

（b）

图 6-22　焊接机器人的基本组成

（a）弧焊机器人；（b）点焊机器人

　　焊接机器人本体的机械结构主要有两种形式：一种为平行四边形结构，一种为侧置式（摆式）结构。侧置式（摆式）结构的主要优点是上、下臂的活动范围大，使机器人的工作空间几乎能达一个球体。平行四边形机器人不仅适合于轻型也适合于重型机器人。近年来，点焊机器人大多采用平行四边形结构。

6.4.4　喷涂机器人及其应用

　　喷涂机器人又称喷漆机器人（Spray Painting Robot），是可进行自动喷漆或喷涂其他涂料的工业机器人。

　　喷漆机器人能够避免工人的健康受到伤害，并能提高喷涂质量和经济效益，在喷漆作业中应用日趋广泛。由于喷漆机器人具有编程和示教再现能力，因此它可适应各种喷漆作业。

　　一个典型的喷涂机器人系统配置如图 6-23 所示。

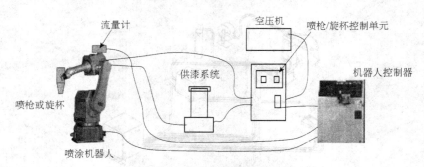

图 6-23　喷涂机器人系统配置

　　在大型自动化制造系统中，多台喷涂机器人通常被用来组成自动化喷涂生产线，机器人自动喷涂线主要有如图 6-24 所示的几种。

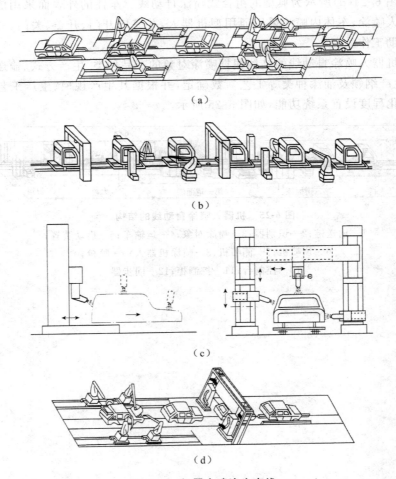

（a）

（b）

（c）

（d）

图 6-24　机器人喷涂生产线

（a）通用型机器人自动线；（b）机器人与喷涂机自动线；

（c）仿形机器人自动线；（d）组合式喷涂自动线图

图 6-24（a）所示为一种通用型机器人自动线。这种自动线适合较复杂型面的喷涂作业,适合喷涂的产品可从汽车工业、机电产品工业、家用电器工业到日用品工业。

图 6-24（b）所示为一种由机器人与喷涂机组成的喷涂自动线。这种形式的自动线一般用于喷涂大型工件,即大平面、圆弧面及复杂型面结合的工件,如汽车驾驶室、车厢或面包车等。

图 6-24（c）所示为一种仿形机器人自动线。这种机器人适合箱体零件的喷涂作业,喷涂质量亦最高,工作可靠,但不适合型面较复杂零件的喷涂。

图 6-24(d)所示为典型的组合式喷涂自动线。车体的外表面采用仿形机器人喷涂，车体内喷涂采用通用型机器人，并完成开门、开盖、关门、关盖等辅助工作。

机器人喷涂自动线的结构根据喷涂对象的产品种类、生产方式、输送形式、生产纲领及油漆种类等工艺参数确定，并根据其生产规模、生产工艺和自动化程度设置系统功能，如图 6-25 所示。

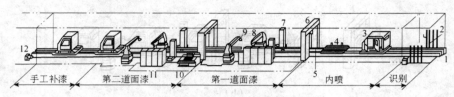

图 6-25 机器人喷涂自动线的结构

1—输送链；2—识别器；3—喷涂对象；4—运输车；5—启动装置；

6—顶喷机；7—侧喷机；8—喷涂机器人；9—喷枪；

10—控制台；11—控制柜；12—同步器

第7章 机械制造物流系统设计

物流系统是机械制造系统的重要组成部分之一,它的作用是将制造系统中的物料技术输送到有关设备或仓库设施处。在物流系统中,物料首先输入制造系统,然后由物料输送系统送至指定位置。物流系统的自动化是当前制造工业的追求目标。

7.1 物流系统概述

在制造业中,从原材料到产品出厂,机床作业时间仅占5%,工件处于等待和传输状态的时间则占95%。其中,物料传输与存储费用占整个产品加工费用的30%~40%,因此,物流系统的优化能够大大提高运转速率、降低生产成本、减轻库存积货以及提高综合经济效应。

7.1.1 实例分析

半柔性制造系统如图7-1所示,该系统的任务主要有三个:其一是完成一个轴类零件的机械加工;其二是把零件按照机械加工工艺过程的要求,定时、定点地输送到相关的制造装备上;其三是完成轴与轴承的装配。半柔性制造系统的组成如图7-2所示,下面分析其物流系统的设备组成。

图 7-1 半柔性制造系统实物图片

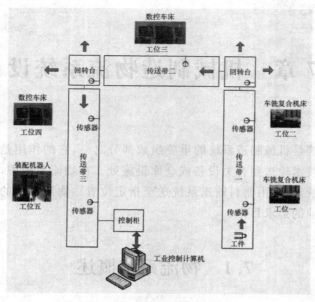

图 7-2　半柔性制造系统的组成

①带式输送子系统。按照工艺过程的顺序完成工件各工位的准确传输，由胶带输送机、减速器、电动机和光电传感器等组成，胶带的运行速度可在 2～5 r/min 之间进行调整。

②回转传输子系统。按照制造过程的要求，实现工件在不同传送带上的转换。它由传送带、升降机构、回转气缸和光电传感器等组成，可使工件向前、向左、向右有选择性地传送。

③控制及调度。子系统按照制造工艺过程和作业时间的要求，实现工件准时在不同工位之间传送的控制。

7.1.2　物流系统及其功用

物流是物料的流动过程：物流按其物料性质不同，可分为工件流、工具流和配套流三种。其中工件流由原材料、半成品、成品构成；工具流由刀具、夹具构成；配套流由托盘、辅助材料、备件等构成。

在自动化制造系统中，物流系统是指工件流、工具流和配套流的移动与存储，它主要完成物料的存储、输送、装卸、管理等功能。

①存储功能。在制造系统中，有许多物料处于等待状态，即不处在加工和使用状态，这些物料需要存储和缓存。

②输送功能。完成物料在各工作地点之间的传输，满足制造工艺过程

和处理顺序的需求。

③装卸功能。实现加工设备及辅助设备上、下料的自动化,以提高劳动生产率。

④管理功能。物料在输送过程中是不断变化的,因此需要对物料进行有效的识别和管理。

7.1.3 物流系统的组成及分类

物流供输系统的组成及分类如图7-3所示。

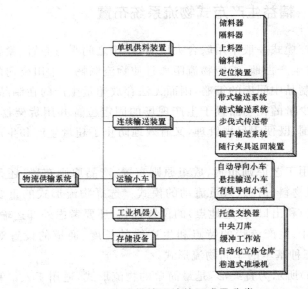

图7-3 物流供输系统的组成及分类

①单机自动供料装置完成单机自动上、下料任务,由储料器、隔料器、上料器、输料槽、定位装置等组成。

②自动线输送系统完成自动线上的物料输送任务,由各种连续输送机、通用悬挂小车、有轨导向小车及随行夹具返回装置等组成。

③FMS物流系统完成FMS物料的传输,由自动导向小车、积放式悬挂小车、积放式有轨导向小车、搬运机器人、自动化仓库等组成。

7.2　制造业物流系统的总体设计

制造业企业总体布置和各种生产设施、辅助设施的合理配置是企业物流合理化的前提,根据不同的生产要求,生产制造系统的物流布置采用不同的布置方式。常用的布置方式有:按工艺原则布置、按成组原则布置、按产品原则布置和按项目布置。

7.2.1　精益生产方式物流系统布置

精益生产模式一般采用联合大厂房,厂房之间平行布置、紧密排列且距离很近,节省生产占地,缩短物流距离且使物流顺畅。丰田公司的工厂布置采用不设在制品中间库的策略,因而无法存放超量生产的在制品,有效地控制了库存。少量的在制品置于生产现场的固定位置并用货架摆放,严格限定其占地范围,既便于目视管理,又有效地防止了超量生产和生产不足等问题的产生。

无论采用工艺原则布置、成组原则布置、产品原则布置,还是按项目布置,都要考虑物料、信息、人员流动的模式。选择物流形式的重要因素是入口(接受地点)和出口(发送地点)的位置,同时还要考虑外部运输条件、建筑物的轮廓尺寸、生产流程的特点和生产线的长度、通道的设置等因素。图7-4 所示为五种基本的车间物流形式。

图 7-4(a)所示为直线形,是最简单的物流形式,适用于入口和出口在不同的位置,且车间较长,或生产过程比较简单,或只有少量零部件和少量生产装备的情况。

图 7-4(b)所示为 L 形,适用于现有设施或建筑物不允许直线流动的情况。

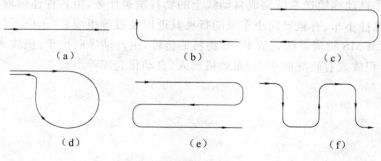

图 7-4　车间物流布置形式

图 7-4(c)所示为 U 形,适用于入口与出口在车间的同一侧,或生产线比实际可安排的距离长的情况。

图 7-4(d)所示为环形,适用于要求物料返回到起点的情况。

图 7-4(e)所示为 S 形,适用于生产线比实际可安排的距离长,在一个经济的面积内安排较长的生产线的情况。

实际物流规划也可能是上述基本形式的组合。一个有效而合理的物流规划取决于部门内部有效而合理的物流,而部门内部有效而合理的物流取决于各作业单位的有效而合理的物流。因此,物流规划是一个分级规划过程。上述的车间物流形式同样也适用于工厂的总体布局。

7.2.2　物流设备及其选择与设计要求

现代化工厂中的物流系统是一个复杂系统,不仅包括许多信息处理软件和控制软件,而且包括大量的物流设备,如各种装卸设备、输送设备、仓储设备等。装卸搬运设备主要有平台搬运车、牵引车、叉车、托盘堆垛机、托盘搬运车、拣选机等。输送设备主要有辊子输送机、链式输送机、悬挂输送机、有轨小车、自动导引小车等。仓储设备主要有巷道式堆垛机、多层货架、穿梭车、码盘机器人等。交换装置主要有机器人、上下料装置及交换台等。

目前,大部分物流设备可以在市场上直接购买,对于一些有特殊要求的物流设备可通过订货的方式由专业生产厂家提供。物流设备配置的合理与否将直接影响物流系统的运行效率,对企业的正常生产将产生重要影响,因此在进行物流装置的采购和设计时应考虑以下几点。

①物流设备与搬运距离要相匹配。搬运距离较短的物料,其主要工作量在于装卸,应选用输送设备,其装卸费用较低;搬运距离较长的物料,其主要工作量在于运输,应选用运输设备,其装卸费用允许高些,但单位里程运输费用应较低。

②物流设备与物流量相匹配。物流量低的物料应选用简单的搬运设备以降低搬运的成本;物流量高的物料应选用自动化的搬运设备,以提高搬运的效率。例如,对于短距离、低物流量系统,可选择的搬运设备有叉车、电瓶车、步进式输送带、输送辊道等。对于短距离、高物流量系统,可选择的搬运设备有上下料机械手或机器人、料斗式和料仓式自动上料装置、连续输送机等。

③物流设备可靠性要好。尽量采用标准化的物流装置,以方便维护,保证生产线和整个物流系统的正常运行。

④选择物流设备时,要考虑物流系统的可扩展性。

7.3 机床上下料装置设计

7.3.1 料仓的结构形式及拱形消除机构

由于工件的重量和形状尺寸变化较大,因此料仓的结构设计没有固定模式。一般将料仓分成自重式和外力作用式两种结构,如图 7-5 所示。图 7-5(a)、(b)所示是工件自重式料仓,其结构简单,应用广泛。图 7-5(a)将料仓设计成螺旋式,可在不加大外形尺寸的条件下多容纳工件;图 7-5(b)将料仓设计成料斗式,其设计简单,但料仓中的工件容易形成拱形面而堵塞出料口,一般应设计拱形消除机构。图 7-5(c)、图 7-5(d)、图 7-5(e)、图 7-5(f)、图 7-5(g)和图 7-5(h)所示为外力作用式料仓。图 7-5(c)所示为重锤垂直压送式料仓,适用于易与仓壁粘附的小零件;图 7-5(d)所示为重锤水平压送式料仓;图 7-5(e)所示为扭力弹簧压送工件的料仓;图 7-5(f)所示为利用工件与平带间的摩擦力供料的料仓;图 7-5(g)所示为链条传送工件的料仓,链条可连续或间歇传动;图 7-5(h)所示为利用同步带传送工件的料仓。

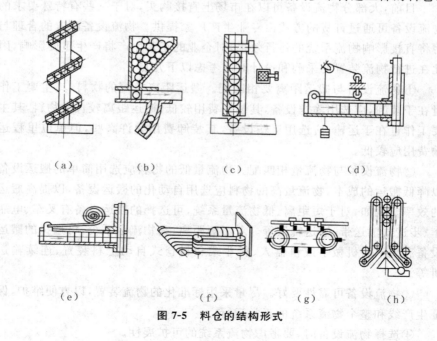

（a）　　　　　（b）　　　　　（c）　　　　　（d）

（e）　　　　　（f）　　　　　（g）　　　　　（h）

图 7-5 料仓的结构形式

拱形消除机构一般采用仓壁振动器。仓壁振动器使仓壁产生局部、高频微振动,可破坏工件间的摩擦力和工件与仓壁间的摩擦力,从而保证工件连续地由料仓中排出。仓壁振动器的振动频率一般为 1 000～3 000 次/min。当料仓中物料搭拱处的仓壁振幅达到 0.3 mm 时,即可达到破拱效果。在料仓中安装搅拌器也可消除拱形堵塞。

7.3.2　料斗

料斗上料装置带有定向机构,工件在料斗中可自动完成定向。但并不是所有工件在送出料斗之前都能完成定向,这种没有完成定向的工件将在料斗出口处被分离,并返回料斗重新定向,或由二次定向机构再次定向。因此料斗的供料率会发生变化,为了保证正常生产,应使料斗的平均供料率大于机床的生产率。表 7-1 给出了几种典型的料斗结构,其结构设计主要依据工件特征(如几何形状、尺寸、重心位置等)选择合适的定向方式,然后确定料斗的形式。下面以往复推板式料斗如图 7-6 所示。

表 7-1　料斗的结构及技术特性

机构名称	简图	定向方式	适用工件尺寸/mm $l-$长度,$d-$直径, $h-$厚度,$b-$宽度	技术特性 最大供料率 $Q/($件/min$)$	定向机构最高速度 $v/$(m/s)	上料系数 K
往复单推板式料斗		缝隙定向	$d=4\sim12$ mm,$l<$120 mm 的带肩小轴、螺钉、铆钉;$d<$15 mm,$l<50$ mm 的光轴,$h=3\sim15$ mm,$d<40$ mm 的盘类;M20 mm 以下的螺母	40～60	0.3～0.5	0.3～0.5
往复管式料斗		管子定向	$d<15$ mm,$l=$(1.1～1.25)d 的短轴及套;$d>20$ mm 的球	80～100	0.2～0.4	0.4～0.6

机构名称	简图	定向方式	适用工件尺寸/mm l—长度，d—直径，h—厚度，b—宽度	技术特性		
				最大供料率 Q/(件/min)	定向机构最高速度 v/(m/s)	上料系数 K
往复半管式料斗		管子定向	$d<3$ mm，$\dfrac{l}{d}>5$ 的杆类；$0.8<\dfrac{l}{d}<1.4$ 的短轴	80～100	0.2～0.5	0.3～0.5
回转转盘销子式料斗		销子定向	$d=8～20$ mm，$l<90$ mm，$t>0.3$ mm，$\dfrac{l}{d}>1$ 的套及管状工件	60～70	0.15～0.25	0.3～0.5
回转摩擦盘式料斗		型孔定向	$d<30$ mm，$\dfrac{h}{d}<l$ 的盘类、环类；$d<30$ mm，$l<30$ mm 的轴类、板类	100～1000	0.5～1	0.2～0.6

①平均供料率(件/min)。

工件滚动时 $Q=\dfrac{nLK}{d}$

工件滑动时 $Q=\dfrac{nLK}{l}$

式中，n 为推板往复次数，r/min，一般 $n=10～60$；L 为推板工作部分长度，mm，$L=(7～10)d$(或 l)；d、l、K 为工件直径、工件长度、上料系数，见表7-1。

②推板工作部分的水平倾角 α 工件滚动时，$\alpha=7°～15°$；工件滑动时，$\alpha=20°～30°$。

③推板行程长度 H(mm)对于 $l/d<8$ 的轴类工件，$H=(3～4)l$；对于 $l/d=8～12$ 的轴类工件，$H=(2～2.25)l$；对于盘类工件，$H=(5～8)l$，其中 h 为工件厚度，见表7-1。

④料斗的宽度 B（mm）推板位于料斗一侧时，$B=(3\sim4)l$；推板位于料斗中间时，$B=(12\sim15)l$。

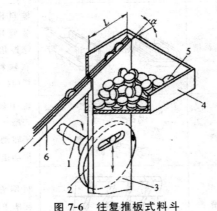

图 7-6　往复推板式料斗

1—轴；2—销轮；3—推板；4—固定料斗；5—工件；6—料道

7.3.3　输料槽

根据工件的输送方式（靠自重或强制输送）和工件的形状，输料槽有许多种结构形式，见表 7-2。一般靠工件自重输送的自流式输料槽结构简单，但可靠性较差；半自流式或强制运动式输料槽的可靠性高。

表 7-2　斜料槽的主要类型

名称		简图	特点	使用范围
自流式输料槽	料道式输料槽	滑动　　　滑动	输料槽的安装倾角大于摩擦角，工件靠自重输送	轴类、盘类、环类工件
自流式输料槽	轨道式输料槽		输料槽的安装倾角大于摩擦角，工件靠自重输送	带肩杆状工件
自流式输料槽	蛇形输料槽		工件靠自重输送，输料槽落差大时可起缓冲作用	轴类、盘类、球类工件

— 161 —

名称		简图	特点	使用范围
半自流式输料槽	抖动式输料槽		输料槽的安装倾角小于摩擦角,工件靠输料槽作横向抖动输送	轴类、盘类、板类工件
半自流式输料槽	双辊式输料槽		辊子倾角小于摩擦角,辊子转动,工件滑动输送	板类、带肩杆状、锥形滚柱等工件
强制运动式输料槽	螺旋管式输料槽		利用管壁螺旋槽送料	球形工件
强制运动式输料槽	摩擦轮式输料槽		利用纤维质辊子的转动推动工件移动	轴类、盘类、环类工件

　　有些外形复杂的工件不可能在料斗内一次定向完成,因此需要在料斗外的输料槽中实行二次定向。常用的二次定向机构如图 7-7 所示。图 7-7(a)适用于重心偏置的工件,在向前送料的过程中,只有工件较重端朝下才能落入输料槽。图 7-7(b)适用于一端开口的套类工件,只有开口向左的工件,才能利用钩子的作用改变方向而落入输料槽,开口向右的工件将推开钩子直接落入输料槽。图 7-7(c)适用于重心偏置的盘类工件,工件向前运动经过缺口时,如果重心偏向缺口一侧,则翻转落入料斗;如果重心偏向无缺口一侧,则工件继续在输料槽内向前运动。图 7-7(d)适用于带肩轴类的工件,工件在运动过程中自动定向成大端向上的位置。

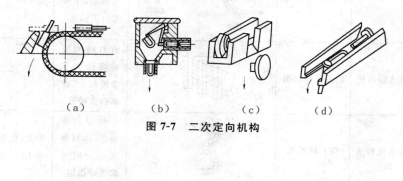

（a）　　　　（b）　　　　（c）　　　　（d）

图 7-7　二次定向机构

7.3.4 供料与隔料机构

供料与隔料机构功能是定时地把工件逐个输送到机床加工位置，为了简化机构，一般将供料与隔料机构设计成一体。图 7-8 所示是典型的供料与隔料机构。图 7-8(a)所示为往复运动式供料与隔料机构，适用于轴类、盘类、环类、球类工件，供料与隔料速度小于 150 件/min。图 7-8(b)所示为摆动往复式供料与隔料机构，适用于短轴类、环类、球类工件，供料与隔料速度为 150～200 件/min。图 7-8(c)所示为回转运动式供料与隔料机构，适用于盘类、板类工件，供料与隔料速度大于 200 件/min，且工作平稳。图 7-8(d)所示为回转运动连续式供料与隔料机构，适用于小球、轴类、环类工件，供料与隔料速度大于 200 件/min。

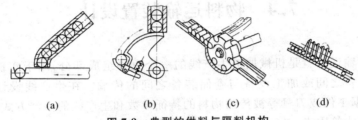

(a)　　　　　(b)　　　　　(c)　　　　　(d)

图 7-8　典型的供料与隔料机构

此外，还有一种利用电磁振动使物料向前输送和定向的电磁振动料槽，它具有结构简单、供料速度快、适用范围广等特点。图 7-9 所示是直槽形振动料槽结构示意图，料槽在电磁铁激振下作往复振动，向前输送物料。这种直槽形振动料槽通过调节电流或电压大小来改变输送速度，需要与各种形式的料斗配合使用。电磁振动料斗是一种专用供料装置，可根据表 7-3 进行选择，并参考有关资料进行设计。

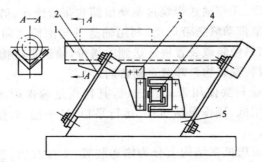

图 7-9　直槽形振动料槽
1—料槽；2—弹簧片；3—衔铁；4—电磁铁；5—基座

表 7-3　电磁振动料斗的选择

分类	名称	特点	适用范围
料槽形式	直槽形 螺旋形	单个电磁铁激振,料槽作往复振动 料槽装料器内、外壁作垂直及扭转振动	主要用做料道 中、小型工件的上料
激振方式	电磁式 机械式	用电磁铁激振 用偏心机构、凸轮机构激振,振动频率	用途最广 大型工件的上料
振动特性	单一振动 复合振动	正弦谐振 垂直振动与扭转振动分离	应用最广 形状复杂工件的上料,供料率高

7.4　物料运输装置设计

物料输送装置是机械加工生产线的一个重要组成部分,用于实现物料在加工设备之间或加工设备与仓储装备之间的传输。在生产线设计过程中,可根据工件或刀具等被传输物料的特征参数和生产线的生产方式、类型及布局形式等因素,进行输送装置的设计或选择。

7.4.1　带式输送机

带式输送机是应用最广泛的输送机械,它是由一条封闭的输送带和承载构件连续输送物料的机械。其特点是工作平稳可靠,易实现自动化,可应用于工厂、仓库、车站、码头、矿山等场合。

基本工作原理:无端输送带绕过驱动滚筒和张紧滚筒,借助输送带与滚筒之间的摩擦力来带动输送带运动,利用输送带与滚筒之间的摩擦力来带动输送带运动,物料经装载装置被运送到输送带,输送带将物料运输至卸载处,最后通过卸载装置将物料卸载至储备间。

现在大型企业只要使用带式输送机,其特点是输送距离长、生产效率高、结构简单、费用低、操作灵活可控、运行平稳、易于操作、使用安全、容易实现自动控制等。

普通的带式输送机在结构上分为输送装置、支撑装置、驱动装置、张紧装置、制动装置及改向装置等。

带式输送机的最大输送能力是由输送带上物料的最大截面积、带速和设备倾斜系数决定的。按式(7-1)或式(7-2)计算：

$$I_{\mathrm{v}} = Svk \tag{7-1}$$

$$I_{\mathrm{m}} = Svk\rho \tag{7-2}$$

式中，S 为输送带上物料的最大横截面积，m^2，如图 7-10 所示，按式(7-3)～式(7-5)计算；v 为带速，$\mathrm{m/s}$；k 为倾斜系数，按式(7-6)计算；ρ 为物料松散密度，$\mathrm{kg/m}^2$。

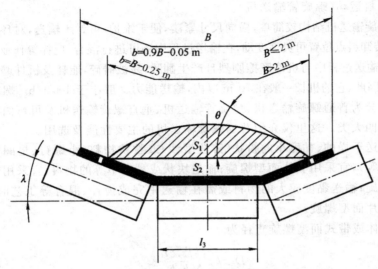

图 7-10　等长三辊槽形截面

$$S_1 = \left[l_3 + (b - l_3)\cos\lambda\right]\frac{\tan\theta}{6} \tag{7-3}$$

$$S_2 = \left(l_3 + \frac{b - l_3}{2}\cos\lambda\right)\left(\frac{b - l_3}{2}\sin\lambda\right) \tag{7-4}$$

$$S = S_1 + S_2 \tag{7-5}$$

式中，b 为有效带宽，m；θ 为动堆积角，一般为安息角的 $50\% \sim 75\%$。

$$k = 1 - \frac{S_1}{S_2}(1 - k_1) \tag{7-6}$$

式中，k_1 为图 7-17 中上部 S_1 断面减小系数。

假如考虑的是一个输送中等粒度物料的理想输送机运行情况，那么 k_1 可以由式(7-7)确定：

$$k_1 = \sqrt{\frac{\cos^2\delta - \cos^2\theta}{1 - \cos^2\theta}} \tag{7-7}$$

式中，δ 为带式输送机的倾斜角；θ 为被运物料的动堆积角。

由式(7-7)可以看出，当带式输送机倾斜角 δ 等于被运物料的动堆积角

θ 时,上部断面 S_1 不复存在,即 $S_1=0$,因而只有下部断面 S_2 可利用。

7.4.2 螺旋输送机

螺旋输送机是一种没有挠性牵引构件的输送机。它依靠带有螺旋叶片的轴在封闭的料槽中旋转而推动物料运动,或令带有内螺旋叶片的圆筒旋转使物料运动(螺旋管输送机)。

螺旋输送机结构较简单,横向尺寸紧凑,便于维护,可封闭输送,对环境污染小,装卸料点位置可灵活变动,在输送过程中还可进行混合、搅拌等作业。但物料在输送过程中与机件摩擦剧烈且产生翻腾,易被研碎,能耗及机件磨损较严重。因此,它的机长一般在 70 m 以内,输送能力一般小于 100 t/h。螺旋输送机可分为普通螺旋输送机、螺旋管输送机、垂直螺旋输送机及可弯曲螺旋输送机四大类。这里仅介绍普通螺旋输送机的主要性能及选用。

输送干燥的、黏度小的粉状(铸造型沙)或粒状物料(小螺钉、垫圈等机械零件等),宜采用实体面型螺旋;输送块状或黏度中等的物料,宜采用带式面型螺旋;输送黏度较大的物料或需在输送中完成搅拌、混合等工艺时,宜采用叶片面型螺旋。

实体或带式面型螺旋直径为

$$D \geqslant k_x \sqrt[2.5]{\frac{Q}{k_d k_\beta \rho_0}} \qquad (7\text{-}8)$$

式中,k_x 为物料综合特性系数,对于铸造型沙、小螺钉、垫圈等机械零件等 k_x 按 $0.05 \sim 0.07$ 选取;Q 为输送能力,t/h;k_d 为填充系数,铸造型沙、小螺钉、垫圈等机械零件等 k_d 按 $0.2 \sim 0.3$ 选取;k_β 为倾角系数;ρ_0 为输送物料的堆积密度,t/m³。

按式(7-8)计算得出的 D 值应圆整为下列的标准螺旋直径:150 mm、200 mm、250 mm、300 mm、400 mm、500 mm、600 mm、700 mm、800 mm。

螺旋直径 D 与物料粒度 α 之间还应保证:对于分选物料,$D > 4\alpha$;对于未分选物料,$D > 8\alpha$。

实体面型螺旋:$p = 0.80D$;带式面型螺旋:$p = D$;叶片面型螺旋:$p = 1.2D$。

为避免出现物料被螺旋叶片抛起而无法输送的现象,螺旋转速 n 应小于极限转速 n_j,极限转速 n_j 为

$$n_j = \frac{k_i}{\sqrt{D}} \qquad (7\text{-}9)$$

式中,k_i 为物料特性系数,铸造型沙、小螺钉、垫圈等机械零件等 k_i 按 30

选取。

按式(7-9)计算得出 n_j 后,应在标准数值[螺旋转速刀(r/min):20、30、35、45、60、75、90、120、150、190]中选一小于 n_j 的值作为螺旋转速 n。

在选定 D 及 n 后,应按式(7-10)校验填充系数 k_d。通过调整 n 或 D,使 k_d 在给定的 0.2~0.3 范围内。

$$k_d = \frac{Q}{47k_p D^2 nt\rho_0} \tag{7-10}$$

式中,t 为螺距。

驱动功率 P 可采用下式进行计算

$$P \geqslant \frac{Q}{367\eta}(\omega L_h + H) \tag{7-11}$$

式中,η 为机械效率;ω 为阻力系数;L_h 为输送机水平投影长,m;H 为出料口与进料口处的高差,m,向上输送时为正值,向下输送时为负值。

7.4.3　辊子输送机

辊子输送机可以沿水平或较小的倾斜角输送具有平直底部的成件物品,如板、棒、管、型材、托盘、箱类容器以及各种工件。对于非平底物品及柔性物品可借助托盘实现输送。与其他输送成件物品的运输机相比,除了具有结构简单、运转可靠、维护方便、经济、节能等特点以外,最突出的就是它与生产工艺过程能较好地衔接和配套,并有功能的多样性。

辊子输送机高度根据物品输送的工艺要求(如线路系统中工艺设备物料出入口的高度,装配、测试、装卸区段人员操作位置等)确定,一般取 $H=$500~800 mm,也可不设支腿,使机架直接固定在地坪上。

辊子输送机的输送速度 v 根据生产工艺要求和输送方式确定。一般情况下,无动力式辊子输送机可取 $v=0.2\sim0.4$ m/s,动力式辊子输送机可取 $v=0.25\sim0.5$ m/s,并尽可能取较大值,以便在同样满足输送量要求的前提下,使物品分布间隔较大,从而改善机架受力情况。当工艺上对输送速度严格限定时,输送速度应按工艺要求选取,但无动力式辊子输送机不宜大于 $v=0.5$ m/s,动力式辊子输送机不宜大于 1.5 m/s,其中链传动辊子输送机不宜大于 0.5 m/s。

7.4.4　链板输送机

链板输送机的结构和工作原理与带式输送机相似:它们的区别在于带

式输送机用输送带牵引和承载货物,靠摩擦驱动传递牵引力;而链板输送机则用链条牵引、用固定在链条上的板片承载货物,靠啮合驱动传递牵引力。链板输送机与带式输送机相比,优点是板片上能承放较重的件货,链条挠性好、强度高,可采用较小直径的链轮和传递较大的牵引力。缺点是自重、磨损、消耗功率都较带式输送机大,且链板输送机和其他啮合驱动的输送机或提升机一样,在链条运动中会发生动载荷,使工作速度受到限制。

链板输送机的链条在绕到驱动链轮上时,并不沿着等半径的圆周匀速运动,而是沿着多边形链轮的各个边运动,使链条的运动速度和加速度发生周期性的变化,这种变化引起作用在链条上的动力载荷。如图 7-11 所示,以 A、B、C、D 代表链轮的链齿,1、2、3 代表链条的关节。当链条绕入旋转着的链轮上时,链轮上的各个链齿陆续与相应的链关节啮合。

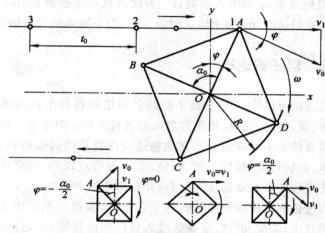

图 7-11 链板输送机受力分析

若链轮以等角速度旋转,则链齿的圆周线速度 v_0 也保持不变,即

$$v_0 = R\omega$$

式中,R 为多边形链轮的外接圆半径;ω 为链轮旋转的角速度。

如果近似地认为链条的运动是平移的,则链条的速度 v_1 为

$$v_1 = v_0 \cos\varphi = R\omega \cos\varphi$$

式中,φ 为动径 $OA = R$ 和轴 Oy 之间的夹角。

因此,在链轮转动对应于链条的一个节距 t_0 的中心角 α_0 的时间 t 内,链条的速度 v_1 可用余弦曲线的一段来表示,如图 7-11 所示。链条的速度在 $\varphi = 0$ 时具有最大值:

$$v_{1max} = v_0 = R\omega$$

而当 $\varphi = -\dfrac{\alpha_0}{2}$ 和 $\varphi = \dfrac{\alpha_0}{2}$ 时具有最小值,即

$$v_{1\max} = R\omega\,\frac{\cos\alpha_0}{2}$$

图 7-11 给出链轮在转动角度为 α_0 的过程中的三种位置：链条关节 1 进入啮合（$\varphi = -\dfrac{\alpha_0}{2}$）的瞬间、处于中间位置（$\varphi = 0$）和脱离啮合（$\varphi = \dfrac{\alpha_0}{2}$）的瞬间位置。

链条的加速度可以作为速度对时间的一次导数来求出：

$$\alpha = \frac{\mathrm{d}\boldsymbol{v}_1}{\mathrm{d}t} = R\boldsymbol{\omega}\,\frac{\mathrm{d}\cos\varphi}{\mathrm{d}t} = -R\boldsymbol{\omega}^2\sin\varphi$$

链条的加速度图解示于图 7-12，加速度 α 在 $\varphi = 0$（即 v_1 最大）时其值为零，在 $\varphi = -\dfrac{\alpha_0}{2}$ 和 $\varphi = \dfrac{\alpha_0}{2}$（即 v_1 最小）时其绝对值最大：

$$\alpha_{\max} = \pm R\boldsymbol{\omega}^2\sin\left(\frac{\alpha_0}{2}\right) \tag{7-12}$$

从上面看到，链条做脉动运动时，脉动周期等于链轮转动角度为相当于一个齿的中心角所需的时间。最大动力载荷是产生在链轮的齿与链条的每个关节进入啮合的瞬间。

从图 7-12 的图解可以看出，在每一个周期 t 的终了和在下一个周期的开始瞬间，当轮齿与链条的下一个关节进入啮合时，加速度在瞬时内从 $-\alpha_{\max}$ 增大到 $+\alpha_{\max}$，即增大 $2\alpha_{\max}$，如果以 m 表示链式输送机的各个部分和物品的折算质量，则这瞬间的动力载荷等于 $2m\alpha_{\max}$。由于这一力是在瞬间加上的，它引起的振动产生近似于加倍的应力，故计算动力等于 $2\times 2m\alpha_{\max}$，在这瞬间的动力中，需要加上在周期的终了瞬间作用的惯性力 $m\alpha_{\max}$，此惯性力与进入啮合瞬间的惯性力方向相反，为负值。即链条的计算动张力 $S_{动}$ 为

$$S_{动} = 2\times 2m\alpha_{\max} - m\alpha_{\max} = 3m\alpha_{\max} \tag{7-13}$$

由于 $\boldsymbol{\omega} = \dfrac{2\pi n}{60}$，$\sin\dfrac{\alpha_0}{2} = \dfrac{t_0}{2R}$，$n = \dfrac{60v}{zt_0}$，其中，$v$ 为链条的平均工作速度，m/s；n 为链轮每分钟的转数，r/min；z 为链轮的齿数；t_0 为牵引链条的节距。代入式（7-12）得

$$\alpha_{\max} = 2\pi^2\,\frac{v_0}{z(zt_0)} = 2\pi^2\,\frac{v^2 t_0}{(zt_0)^2} \tag{7-14}$$

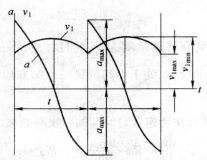

图 7-12　牵引链条的速度和加速度

因此,链条最大加速度以及链条上的最大动载荷值,在链轮齿数与链条节距为一定时,与速度的平方成正比;而在链条速度与链轮直径(周边边长 zt_0)为一定时,则与齿数成反比,而与牵引链条的节距成正比。此外,式(7-13)中的各个运动部分和物品的折算质量 m,对于不同长度的输送机应取不同的数值。因为链条并不是绝对刚性的,它具有弹性,对于冲击和动载荷能起一定的缓冲作用。物品也并非刚性地固接在链条上,加速度的变化不会在瞬间传递给所有的运动部分和物品。链条越长,这些因素的影响也越大,折算质量的数值就应取较小值。如果在链式输送机中,改向链轮的轮齿分布位置,对于驱动链轮适当错开以及输送机装设弹簧式或重块式的张紧装置,都有助于减小动载荷和冲击。

7.4.5　悬挂输送机

悬挂输送系统适用于车间内成件物料的空中输送。悬挂输送系统节省空间,且更容易实现整个工艺流程的自动化。悬挂输送系统分为通用悬挂输送系统和积放式悬挂输送系统两种。悬挂输送机由牵引件、滑架小车、吊具、轨道、张紧装置、驱动装置、转向装置和安全装置等组成,如图 7-13 所示。

积放式悬挂输送系统与通用悬挂输送系统相比有下列区别:牵引件与滑架小车无固定连接,两者有各自的运行轨道;有岔道装置,滑架小车可以在有分支的输送线路上运行;设置停止器,滑架小车可在输送线路上的任意位置停车。

下面针对悬挂输送机的牵引件、滑架小车和转向装置作简单介绍。

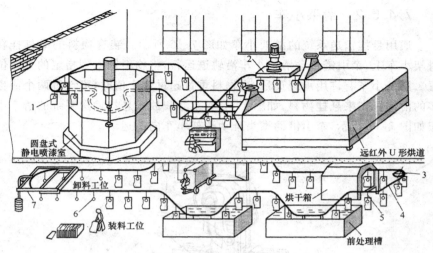

图 7-13　通用悬挂输送机

1—工件；2—驱动装置；3—转向装置；4—轨道；

5—滑架小车；6—吊具；7—张紧装置

7.4.5.1　牵引件

牵引件根据单点承载能力来选择，单点承载能力在 100 kg 以上时采用可拆链，单点承载能力在 100 kg 及以下时采用双铰接链，如图 7-14 所示。悬挂输送机的牵引链可按表 7-4 选取。

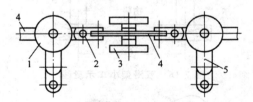

图 7-14　双铰接链

1—行走轮；2—铰销；3—导向轮；4—链片；5—吊板

表 7-4　悬挂输送机的牵引件

类型	链条节距/ mm	极限拉力/ kN	许用拉力/ kN	类型	链条节距/ mm	极限拉力/ kN	许用拉力/ kN
可拆链	80	110	8	双铰接链	150	18	1.5
	100	220	15		200	36	3.0
	160	400	30		250	60	5.0

7.4.5.2 滑架小车

通用悬挂输送系统的滑架小车如图 7-15 所示。装有物料的吊具挂在滑架小车上,牵引链牵动滑架小车沿轨道运行,将物料输送到指定的工作位置。滑架小车有许用承载重量,当物料重量超过这个值时,可设置两个或更多的滑架小车来悬挂物料,如图 7-16 所示。积放式悬挂输送系统的滑架小车如图 7-17 所示,牵引链的推头推动滑架小车向前运动。

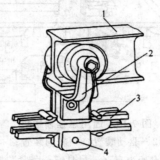

图 7-15 通用悬挂输送系统的滑架小车

1—轨道;2—滑架小车 3—牵引链;4—挂吊具

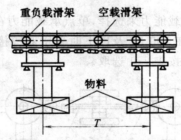

图 7-16 双滑架小车示意图

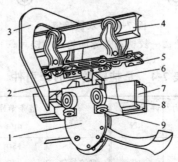

图 7-17 积放式通用悬挂输送系统的滑架小车

1—滑架小车;2—推头;3—框板;4—牵引轨道;5—牵引链;

6—挡块;7—承重轨道;8—滚轮;9—导向滚轮

7.4.5.3　转向装置

通用悬挂输送机的转向装置由水平弯轨和支承牵引链的光轮、链轮或滚子排组成,图 7-18 所示是三种转向装置的结构形式。转向装置结构形式的选用应视实际工况而定,一般最直接的方法是在转弯处设置链轮。当输送张力小于链条许用张力的 60% 时,可用光轮代替链轮;当转弯半径超过1 m时,应考虑采用滚子排作为转向装置。

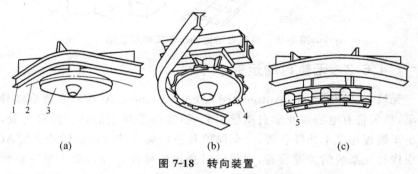

(a) (b) (c)

图 7-18　转向装置

(a)光轮转向装置;(b)链轮转向装置;(c)滚子排转向装置
1—水平弯轨;2—牵引链条;3—光轮;4—链轮;5—滚子排

7.4.6　自动运输小车

自动运输小车是现代生产系统中机床间传送物料的重要设备,其分为有轨和无轨两大类。

7.4.6.1　有轨自动运输小车

有轨自动运输小车(Railing Guided Vehicle,RGV)沿直线轨道运动,机床和辅助设备在导轨一侧,安放托盘或随行夹具的台架在导轨的另一侧,如图 7-19 所示。RGV采用直流或交流伺服电动机驱动,由生产系统的中央计算机控制。当RGV接近指定位置时,由光电传感器、接近开关或限位开关等识别减速点和准停点,向控制系统发出减速和停车信号,使小车准确地停靠在指定位置上。小车上的传动装置将托盘台架或机床上的托盘和随行夹具拉上车,或将小车上的托盘或随行夹具送给托盘台架或机床。

RGV适用于运送尺寸和质量均较大的托盘、随行夹具或工件,而且传送速度快、控制系统简单、成本低廉、可靠性高。其缺点是一旦将导轨铺设好,就不便改动;另外,转换的角度不能太大,一般宜采用直线布置。

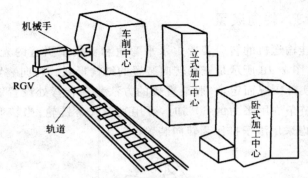

图 7-19　有轨自动运输小车工作示意图

7.4.6.2　无轨自动运输小车

　　无轨自动运输小车(Automated Guided Vehicle,AGV),又称自动导向小车,是装备有电磁或光学自动导引装置,能够沿规定的导引路径行驶,具有小车编程与停车选择装置、安全保护及各种移载功能的运输小车。AGV是现代物流系统的关键装备,它能够沿规定的导向路径行驶在某一位置并自动进行货物的装载,自动行走到另一位置,自动完成货物的卸载,且具有安全保护及各种移载功能的全自动运输装置。

　　AGV 主要由车体、电源和充电装置、驱动装置、转向装置、控制装置、通信装置、安全装置等组成。图 7-20 所示为一种 AGV 的结构示意图。

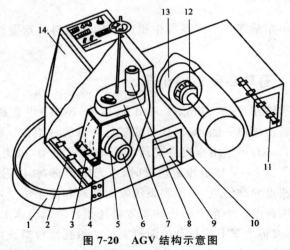

图 7-20　AGV 结构示意图

1—安全挡圈;2—认证线圈;3—失灵控制线圈;4—导向探测线圈;

5—驱动轴;6—驱动电机;7—转向机构;8—转向伺服电机;9—蓄电池;

10—车架;11—认证线圈;12—制动用电磁离合器;13—后轮;14—操作台

①车体。由车架、减速器、车轮等组成。车架由钢板焊接而成,车体内主要安装有电源、驱动和转向等装置,以降低车体重心。车轮由支承轮和方向轮组成。

②电源和充电装置。通常采用 24 V 或 48 V 的工业蓄电池作为电源,并配有充电装置。

③驱动装置。由电动机、减速器、制动器、车轮、速度控制器等部分组成。制动器的制动力由弹簧产生,制动力的松开由电磁力实现。

④转向装置。AGV 的转向装置的方式通常有铰轴转向式和差动转向式两种。

⑤控制装置。可以实现小车的监控,通过通信系统接收指令和报告运况,并可以实现小车编程。

⑥通信装置。一般有两类通信方式,即连续方式和分散方式。连续方式是通过射频或通信电缆收发信号。分散方式是在预定地点通过感应或光学的方法进行通信。

⑦安全装置。有接触式和非接触式两类保护装置。

AGV 按照导引方式可以分为电磁导引、光学导引、磁带导引、超声导引、激光导引和视觉导引等方式。

7.5　自动化立体仓库设计

立体仓库是集机电、控制、信息和管理于一体的复杂系统,其设计需要不同专业人员之间的密切合作。下面从仓储技术与装备设计的角度出发,介绍立体仓库总体设计的基本步骤。

7.5.1　确定货物单元的形式、尺寸和重量

货物单元的形式、尺寸和重量不仅影响仓库的投资,而且直接影响仓库物流设备和设施配置,因此首先必须对入库货物的品种进行调查分析,为后续设计提供依据。

7.5.2　确定仓库形式和作业方式

一般情况下采用单元货格式仓库。当货物的品种单一、批量较大时,可采用重力式、梭式小车货架仓库。对于长料储存,可采用垂直循环货架仓

库。对于小件存储,可采用水平循环货架梁仓库。

7.5.3 确定货格尺寸

对于横梁式货架,每个货格可以存放两个货物单元(图 7-21)或三个货物单元(图 7-22)。

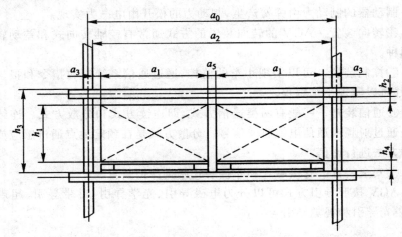

图 7-21 横梁式货架两个货物单元存放尺寸图

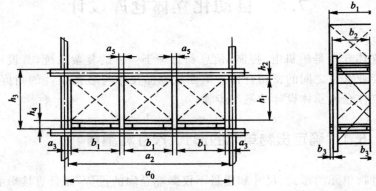

图 7-22 横梁式货架三个货物单元存放尺寸图

牛腿式货架每个货格只能存放一个货物单元(图 7-23)。

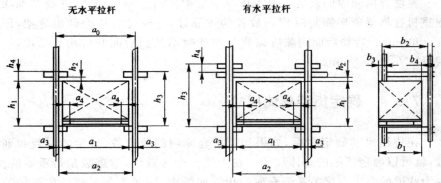

图 7-23　牛腿式货架单个货物单元存放尺寸图

货格与货位尺寸代码见表 7-5。当货物尺寸确定之后,货格的尺寸主要取决于货物与货格之间的间隙大小。

表 7-5　货格与货位尺寸说明

a_0	货格长度	b_2	货格宽度
a_1	单元货物长度	b_3	货物伸出货架长度
a_2	单元有效长度	b_4	货物后部间隙
a_3	侧向尺寸	h_1	货物高度
a_4	牛腿支承货格宽度	h_2	货物 L 部间隙
a_5	货物间的水平侧隙	h_3	货架层高
b_1	货物宽度	h_4	货物下部垂直间隙

侧面间隙和的大小取决于堆垛起重机的停车精度及堆垛起重机与货架的安装精度。精度越高,该取值越小。对于横梁式货架,在堆放三个货物单元时,取 $a_3 = a_5 = 100$ mm;在堆放两个货物单元时,取 $a_3 = a_5 = 75$ mm。对于牛腿式货架,$a_3 = 50 \sim 100$ mm,$a_4 > a_3$。

上部垂直间隙应保证堆垛起重机的货叉在取货物过程中,微起升时不与上部构件发生碰撞,一般要求 $h_2 > $(货叉的微行程+安全裕量)。对于横梁式货架,下部垂直间隙 h_4 即为托盘高。对于牛腿式货架,h_4 的大小应保证货叉存货时货叉能顺利退出,一般 $h_4 > $(货叉厚度+货叉微行程+安全裕量)。安全裕量的设置要考虑堆垛起重机载货平台升降的停车精度、垂直位置检查片的安装精度、货叉微升和微降行程的误差、货物高度误差、货叉伸出时的挠度和货架横梁(牛腿)的高度误差,一般取 $h_2 = 100 \sim 150$ mm。在 h_2 确定后,对于无水平拉杆的牛腿货架,在考虑牛腿高度后,可确定 h_4;对于有水平拉杆的牛腿货架,还要加上水平拉杆的高度。

宽度方向间隙的确定主要考虑减少货架所占仓库的面积,并提高堆垛起重机在横梁货架卸货时货物放置的可靠性,这时可将货物伸出货架,即 $b_3 = 50$ mm。货物后面间隙应以货叉作业时不叉到后面的货物为前提,一般可取 $b_4 = 100$ mm。

7.5.4 确定货架总体尺寸

在货格尺寸确定之后,如果知道了仓库内的巷道数、货架的层数和列数,就可以确定货架的总体尺寸。在上述三个参数中,巷道数是最重要的。因为巷道的多少直接关系到仓库的出入库能力,同时也关系到单位面积的库容量,直接影响仓库的成本,所以最重要的是确定仓库的巷道数。

为了充分提高仓库的库容量,通常的做法是首先确定货架的最大高度。若货架的层高为 h_3,货架的宽度为 b_2,仓库的高度为 HW,仓储的货物单元数为 W 时,货架的层数为

$$C = \frac{HW - \Delta h}{h_3}$$

式中,Δh 为货架顶面到仓库屋顶下弦的垂直距离,对于横梁式货架,$\Delta h = h_1 + h_4 + 200$ nm。

当巷道数为 G_n,仓储的货物单元数为 W 时,货架的列数为 $L_H = \dfrac{W}{2G_n C}$,货架总长度 $L = a_0 L_H$。

对于横梁式货架,货架的宽度为 $B = 2b_2 + 2b_3 + b_4$。

另外,货架的总体尺寸受用地面条件、空间大小、投资额、堆垛起重机起升和行走速度的影响,总体尺寸在设计过程中需要进行不断的修改和完善。

7.5.5 确定仓储设备的主要参数

根据仓库的运行规模、货物品种和出入库频率等确定仓储设备的主要参数。如依据货架的总体尺寸、出入库频率和作业方式来确定堆垛起重机的工作速度;根据货物单元的重量选定堆垛设备的额定起重量;对于传送机,要根据货物单元的尺寸确定其宽度,通过传送机速度来协调整个仓储系统运行的节拍。

7.5.6 仓库的总体布置

首先,要确定货物在高架仓库内的物流形式。物流形式一般有三种,即

同端出入式[图 7-24(a)]、贯通式[图 7-24(b)]和旁流式[图 7-24(c)]。

①同端出入式是货物的出、入库都布置在巷道的同一端。这种布置由于采用就近入库和出库原则,可以缩短出、入库时间。当仓库存货不满,储位随机安排时,其优点尤为明显。由于出、入库作业在同一区域,便于集中管理,因此,若无特殊要求,一般应采用同端出入方式。

②贯通式是货物从巷道的一端入库,从另一端出库。这种方式总体布置简单,便于操作和维修保养。但是,对于每一个货物单元来说,要完成其入库和出库的全过程,堆垛起重机需要穿过整条巷道,而且要不同程度地将库内物流分开。

③旁流式是高架仓库的货物从仓库的一端(或侧面)入库,从侧面(或一端)出库。这种物流方式要求货架中间分开,设立通道,同侧门相通,这样就减少了货格,但可同时组织两条路线进行作业,方便不同方向的出入库。

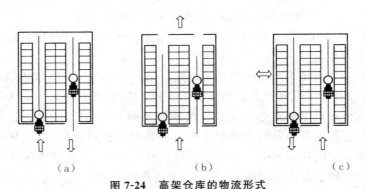

（a）　　　　　　　　（b）　　　　　　　　（c）

图 7-24　高架仓库的物流形式

(a)同端出入式;(b)贯通式;(c)旁流式

根据高架仓库的物流形式,可在物流路径的终点设置相应的出入库台,即同端出入库台、两端出入库台和中间出入库台。一般来说,出入库台多在同一平面,但由于仓库作业的需要,也有将出入库台安排在不同平面的情况(图 7-25)。

其次,解决好立体仓库的作业区(出、入库区)与货架区的衔接问题。一般来说,它们的衔接可采用堆垛起重机与叉车、堆垛起重机与 AGV 或与传送机及其他搬运机械相配套来解决。具体的衔接方式有以下几种:

①叉车—出入库台方式。是在货架的端部设有入库台和出库台。入库时,叉车将货物单元从入库作业区运到入库台,再由货架区内的堆垛起重机取走送进货位。出库时,由堆垛起重机从货位取出货物单元,放到出库台,再由叉车取走送到出库作业区。

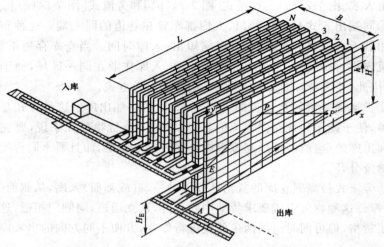

图 7-25 出入库台安排在不同平面的示意图

②自动导引小车—出入库台方式。与前一种相似,只是用自动导引小车代替了叉车。

③自动导引小车—积放传送机方式。是用自动导引车将货物单元送到传送机,再由传送机将货物送到货架端部的入库台,然后由堆垛起重机将货物单元从传送机上取走送进货位。出库时反向运行(图 7-26)。这种方式的优点在于货架区作业的堆垛起重机是一种间歇式作业机械,同样往传送机上放置货物的自动导引小车也是间歇式作业机械,这就要求解决好两者间在工作节拍上的衔接问题,而这一协调任务可通过积放式传送机来解决。

④叉车—积放传送机方式。与前一种方式相似,只是用叉车代替了自动导引小车,是一些大型自动化仓库和流水线仓库最常采用的方式。

最后,确定堆垛起重机轨道铺设形式。堆垛起重机是立体仓库货架巷道的主要作业机。堆垛起重机数量可根据出入库频率和堆垛起重机作业周期来确定,一般要求在每个货架巷道中的地面和顶棚下铺设轨道,安装一台堆垛起重机。实际上,由于堆垛起重机的行走速度一般都在 $80 \sim 160$ m/min,载货台的升降速度一般在 $20 \sim 60$ m/min,每个巷道的作业量一般都小于堆垛起重机的理论工作量,所以有必要在货架间安排一些弯道,方便堆垛起重机在不同巷道间的调动(图 7-27)。

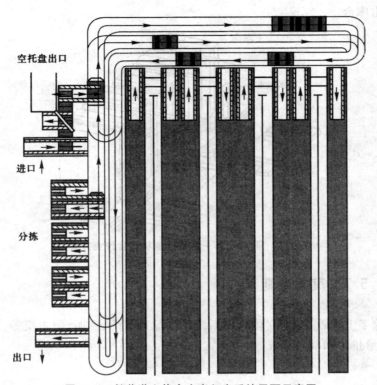

图 7-26　长巷道立体仓库出入库系统平面示意图

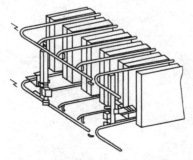

图 7-27　堆垛起重机弯道方案

　　采用弯道布置形式,需要在地面和顶棚下安装轨道。由于堆垛起重机更换作业巷道时需要时间,从而影响了堆垛起重机的作业效率,所以可采用另一种方案,即转轨小车和堆垛起重机联合作业方案(图 7-28)。该方案应用一台转轨小车解决堆垛起重机工作巷道的调整问题,为了提高系统的作业效率,在没有转移堆垛起重机任务时,转轨小车可直接到取货台取货,再将货物送到堆垛起重机前,由堆垛起重机叉取或将堆垛起重机拣取的货物送到出库台。

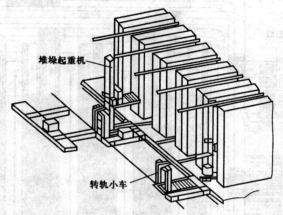

图 7-28 转轨小车—堆垛起重机联合作业方案

7.5.7 其他设施

除了上述设备外,立体仓库系统还需配置消防、照明、防盗报警、通风、采暖、给排水和动力系统。

第8章　智能制造技术

随着电子、信息等高新技术的不断发展以及市场需求的个性化与多样化,未来现代制造技术发展的总趋势是向精密化、柔性化、集成化、智能化、清洁化的方向发展。在以知识为基础、以创新为动力的新经济体系中,我国制造业正面临着严峻的挑战与机遇。

当前,全球制造业正在发生新革命。随着德国工业4.0(第四次工业革命)概念的提出,物联网、工业互联网、大数据、云计算等技术的不断创新发展,以及信息技术、通信技术与制造业领域的技术融合,新一轮技术革命正在以前所未有的广度和深度,推动着制造业生产方式和发展模式的变革。

8.1　智能制造技术概述

智能制造(Intelligent Manufacturing,IM)简称智造,源于人工智能的研究成果,是一种由智能机器和人类专家共同组成的人机一体化智能系统:人工智能在制造过程中,主要采取分析、推断、判断以及构思和决策等的适应过程,与此同时还通过人与机器的合作,最终实现机器的人工智能化,智能制造使得自动化制造更为柔性化、智能化和高度集成化。

8.1.1　智能制造技术

智能制造技术是通过人类机器模拟专家的分析、判断、推理、构思和决策等智能活动,并将这些智能活动与智能机器有机融合,使其贯穿应用于制造企业的各个子系统(如经营决策、采购、产品设计、生产计划、制造、装配、质量保证和市场销售等)的先进制造技术。该技术能够实现整个制造企业经营运作的高度柔性化和集成化,取代或延伸制造环境中专家的部分脑力劳动,并对制造业专家的智能信息进行收集、存储、完善、共享、继承和发展,从而极大地提高生产效率。

8.1.2 智能制造系统

智能制造系统是一种由部分或全部具有一定自主性和合作性的智能制造单元组成的、在制造活动全过程中表现出相当智能行为的制造系统。其最主要的特征在于工作过程中对知识的获取、表达与使用。根据其知识来源，智能制造系统可分为两类：

一是以专家系统为代表的非自主式制造系统。该类系统的知识由人类的制造知识总结归纳而来。

二是建立在系统自学习、自进化与自组织基础上的自主型制造系统。该类系统可以在工作过程中不断自主学习、完善与进化自有的知识，因而具有强大的适应性以及高度开放的创新能力。随着以神经网络、遗传算法与遗传编程为代表的计算机智能技术的发展，智能制造系统正逐步从非自主式智能制造系统向具有自学习、自进化与自组织的具有持续发展能力的自主式智能制造系统过渡发展。

8.1.3 智能制造标准体系框架

智能制造标准体系结构包括 A 基础共性、B 关键技术、C 重点行业三个部分，主要反映标准体系各部分的组成关系。智能制造标准体系结构图如图 8-1 所示。

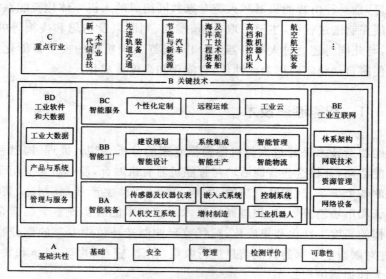

图 8-1 智能制造标准体系结构图

　　具体而言，A 基础共性标准包括基础、安全、管理、检测评价和可靠性五大类，位于能制造标准体系结构图的最底层，其研制的基础共性标准支撑着标准体系结构图上层虚线框内 B 关键技术标准和 C 重点行业标准；BA 智能装备标准位于智能制造标准体系结构图的 B 关键技术标准的最底层，与智能制造实际生产联系最为紧密；在 BA 智能装备标准之上的是 BB 智能工厂标准，是对智能制造装备、软件、数据的综合集成，该标准领域在智能制造标准体系结构图中起着承上启下的作用；BC 智能服务标准位于 B 关键技术标准的顶层，涉及对智能制造新模式和新业态的标准研究；BD 工业软件和大数据标准与 BE 工业互联网标准分别位于智能制造标准体系结构图的 B 关键技术标准的最左侧和最右侧，贯穿 B 关键技术标准的其他 3 个领域（BA、BB、BC），打通物理世界和信息世界，推动生产型制造向服务型制造转型；C 重点行业标准位于智能制造标准体系结构图的最顶层，面向行业具体需求，对 A 基础共性标准和 B 关键技术标准进行细化和落地，指导各行业推进智能制造。

8.2　智能制造装备技术

　　智能制造装备是制造业的基础硬件，也是智能制造标准体系中至关重要的一环。发展智能制造装备产业，对于加快制造业转型升级，提升生产效率、技术水平和产品质量，降低能源消耗，实现制造过程的智能化和绿色化都具有重要意义。

8.2.1　智能制造装备的定义

　　智能制造装备是具有感知、分析、推理、决策、控制等功能的制造装备，它能够自行感知、分析运行环境，自行规划、控制作业，自行诊断和修复故障，主动分析自身性能优劣、进行自我维护，并能够参与网络集成和网络协调。智能制造装备的定义如图 8-2 所示。

　　智能制造装备产业涵盖了关键智能基础共性技术（如传感器等关键器件、零部件等）、测控装置和部件（如智能仪表、高档自控系统、数控系统等）以及智能制造成套装备等几大领域。由此可见，智能制造装备与生产制造的各个环节息息相关，大力发展智能制造装备，可以有效优化生产流程，提高生产效率、技术水平和产品质量。

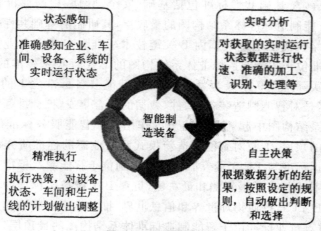

图 8-2　智能制造装备

8.2.2　智能制造装备关键技术

智能制造装备技术,即是让制造装备能进行诸如分析、推理、判断、构思和决策等多种智能活动,并可与其他智能装备进行信息共享的技术。智能制造装备技术是先进制造技术、信息技术和智能技术的集成和深度融合。

从功能上讲,智能制造装备技术包括装备运行与环境感知、识别技术,性能预测与智能维护技术,智能工艺规划与编程技术,智能数控技术,如图8-3 所示。

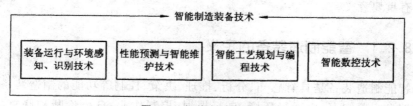

图 8-3　智能制造装备技术

8.2.2.1　装备运行与环境感知、识别技术

传感器是智能制造装备中的基础部件,可以感知或者说采集环境中的图形、声音、光线以及生产节点上的流量、位置、温度、压力等数据。传感器是测量仪器走向模块化的结果,虽然技术含量很高但一般售价较低,需要和其他部件配套使用。

智能制造装备在作业时,离不开由相应传感器组成的或者由多种传感器结合而成的感知系统。感知系统主要由环境感知模块、分析模块、控制模块等部分组成,它将先进的通信技术、信息传感技术、计算机控制技术结合来分析处理数据。环境感知模块可以是机器视觉识别系统、雷达系统、超声波传感器或红外线传感器等,也可以是这几者的组合。随着新材料的运用和制造成本的降低,传感器在电气、机械和物理方面的性能越发突出,灵敏性也变得更好。未来随着制造工艺的提高,传感器会朝着小型化、集成化、网络化和智能化方向进一步发展。

　　智能制造装备运用传感器技术识别周边环境(如加工精度、温度、切削力、热变形、应力应变、图像信息)的功能,能够大幅改善其对周围环境的适应能力,降低能源消耗,提高作业效率,是智能制造装备的主要发展方向。

8.2.2.2　性能预测与智能维护技术

(1)性能预测

对设备性能的预测分析以及对故障时间的估算,如对设备实际健康状况的评估、对设备的表现或衰退轨迹的描述、对设备或任何组件何时失效及怎样失效的预测等,能够减少不确定性的影响并为用户提供预先的缓和措施及解决对策,减少生产运营中产能与效率的损失。而具备可进行上述预测建模工作的智能软件的制造系统,称为预测制造系统。

　　一个精心设计开发的预测制造系统具有以下优点:①降低成本;②提高运营效率;③提高产品质量。

(2)智能维护技术研究

智能维护是采用性能衰退分析和预测方法,结合现代电子信息技术,使设备达到近乎零故障性能的一种新型维护技术。智能维护技术是设备状态监测与诊断维护技术、计算机网络技术、信息处理技术、嵌入式计算机技术、数据库技术和人工智能技术的有机结合,其主要研究领域包括:①远程维护系统架构和网络技术研究;②网络诊断维护标准、规范的研究;③多通道同步高速信号采集技术与高可靠性监测技术的研究;④嵌入式网络接入技术的研究;⑤基于图形化编程语言的远程监测软件研究;⑥智能分析诊断技术的研究;⑦基于 Web 的网络诊断知识库、数据库和案例库的研究;⑧多参数综合诊断技术的研究;⑨专家会诊环境的研究。

8.2.2.3　智能工艺规划与编程技术

智能工艺是将产品设计数据转换为产品制造数据的一种技术,也是对零件从毛坯到成品的制造方法进行规划的技术。智能工艺以计算机软硬件技术为环境支撑,借助计算机的数值计算、逻辑判断和推理功能,确定零件机械加工的工艺过程。智能工艺是连接设计与制造之间的桥梁,它的质量和效率直接影响企业制造资源的配置与优化、产品质量与成本、生产组织效率等,因而对实现智能生产起着重要的作用。

(1)智能工艺概念

智能工艺就是计算机辅助工艺(Computer Aided Process Planning, CAPP),是指在人和计算机组成的系统中,根据产品设计阶段给的信息,通过人机交互或自动的方式,确定产品的加工方法和工艺过程。

(2)智能工艺组成

智能工艺系统由加工过程动态仿真、工艺过程设计模块、零件信息输入模块、控制模块、输出模块、工序决策模块、工步设计决策模块和 NC 加工指令生成模块构成,如图 8-4 所示。

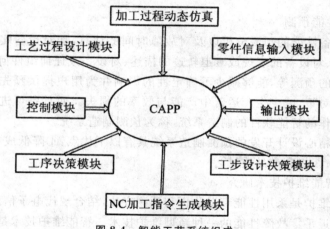

图 8-4　智能工艺系统组成

各模块的功能如下:

①控制模块:主要为协调功能,以实现人机之间的对话交流,控制零件信息的获取方式。

②零件信息输入模块:通过直接读取 CAD 系统或人机交互的方式,输入零件的结构与技术要求。

③工艺过程设计模块:对加工工艺流程进行整体规划,生成工艺过程卡,供加工与生产管理部门使用。

④工序决策模块:对以下方面进行决策,即加工方法、加工设备以及刀夹量具的选择,工序、工步安排与排序,刀具加工轨迹的规划,工序尺寸的计算,时间与成本的计算等。

⑤工步设计决策模块:设计工步内容,确定切削用量,提供生成 NC 加

工控制指令所需的刀位文件。

⑥NC(Numerical Control,数字化控制)加工指令生成模块:依据工步设计决策模块提供的文件,调用 NC 指令代码系统,生成 NC 加工控制指令。

⑦输出模块:以工艺卡片形式输出产品工艺过程信息,如工艺流程图、工序卡,输出 CAM 数控编程所需的工艺参数文件、刀具模拟轨迹、NC 加工指令,并在集成环境下共享数据。

⑧加工过程动态仿真模块:对所生成的加工过程进行模拟,检查工艺的正确性。

（3）智能工艺决策专家系统

智能工艺决策专家系统是一种在特定领域内具有专家水平的计算机程序系统,它将人类专家的知识和经验以知识库的形式存入计算机,同时模拟人类专家解决问题的推理方式和思维过程,从而运用这些知识和经验对现实中的问题作出判断与决策。

智能工艺决策专家系统由人机接口、解释机构、知识库、数据库、推理机和知识获取机构六部分共同组成,如图 8-5 所示。其中,知识库用来存储各领域的知识,是专家系统的核心;推理机控制并执行对问题的求解,它根据已知事实,利用知识库中的知识按一定推理方法和搜索策略进行推理,得到问题的答案或证实某一结论。

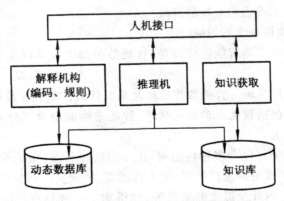

图 8-5 智能工艺决策专家系统构成

智能工艺决策专家系统具有以下特点:以"逻辑推理+知识"为核心,致力于实现工艺知识的表达和处理机制,以及决策过程的自动化;采用人工智能原理与技术能够解决复杂而专门的问题;突出知识的价值;具有良好的适应性和开放性;系统决策取决于逻辑合理性,以及系统所拥有的知识的数量和质量;系统决策的效率取决于系统是否拥有合适的启发式信息。

8.2.2.4 智能数控技术

数控技术即数字化控制技术,是一种采用计算机对机械加工过程中的各种控制信息进行数字化运算和处理,并通过高性能的驱动单元,实现机械执行构件自动化控制的技术。而智能数控技术,是指数控系统或部件能够通过对自身功能结构的自整定(设备不断修正某些预先设定的值,以在短时间内达到最佳工作状态的功能)改变运行状态,从而自主适应外界环境参数变化的技术。

(1)智能数控技术的发展

数控技术和装备是制造业信息化的重要组成部分。自20世纪50年代诞生以来,数控技术经历了电子管元器件数控、晶体管数控、集成电路数控、计算机数控、微型计算机数控、基于PLC的开放式数控等多个发展阶段,并将继续朝着智能数控的方向发展。20世纪90年代以后,数控技术越来越趋于集成化和网络化,逐渐发展为智能数控技术。举例来说,随着电子信息技术的发展,CPU(中央处理器)的控制与处理能力得到大幅提升,因此,数控装备如数控机床的动态与静态特性得到显著的提升,而智能数控加工技术也向高性能、柔性化和实时性方向发展。

智能制造时代层出不穷的新情况,诸如加工困难的新型材料、越来越复杂的机器零部件结构、越来越高的工艺质量标准以及绿色制造的要求等,都使智能数控技术面临着全新的挑战。

(2)智能数控技术的组成

智能数控技术是智能数控装备、智能数控加工技术以及智能数控系统的统称。

①智能数控机床。智能数控机床是最具代表性的智能数控装备。智能数控机床技术包括智能主轴单元技术、智能进给驱动单元技术以及智能机床结构设计技术。

智能主轴单元包含多种传感器,比如温度传感器、振动传感器、加速度传感器、非接触式电涡流传感器、测力传感器、轴向位移测量传感器、径向力测量应变计、对内外全温度测量仪等,使得加工主轴具有精准的应力、应变数据。

智能进给驱动单元确定了直线电机和旋转丝杠驱动的合适范围以及主轴的运动轨迹,可以通过机械谐振来主动控制进给单元。

智能数控机床了解制造的整个过程,能够监控、诊断和修正生产过程中出现的各类偏差并提供最优生产方案。换句话说,智能机床能够收集、发出信息并进行自主思考和决策,因而能够自动适应柔性和高效生产系统的要求，是重要的智能制造装备之一。

②智能数控加工技术。智能数控加工技术包括自动化编程软件与技术、数控加工工艺分析技术以及加工过程及参数化优化技术。

③智能数控系统。智能数控系统是实现智能制造系统的重要基础单元，由各种功能模块构成。智能数控系统包括硬件平台、软件技术和伺服协议等。智能数控系统具有多功能化、集成化、智能化和绿色化等特征。

（3）智能数控技术的特点

智能数控技术集合了智能化加工技术、智能化状态监控与维护技术、智能化驱动技术、智能化误差补偿技术、智能化操作界面与网络技术等若干关键技术，具备多功能化、集成化、智能化、环保化的优势特征，必将成为智能制造不可或缺的"左膀右臂"。以智能数控机床为例，智能数控技术的特点如图 8-6 所示。

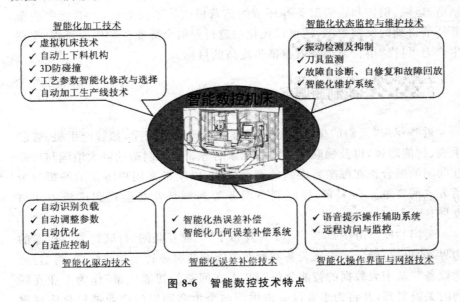

图 8-6　智能数控技术特点

8.3　智能制造服务

随着计算机和通信技术的迅猛发展，制造业也由传统的手工制造，逐渐迈入了以新型传感器、智能控制系统、工业机器人、自动化成套设备为代表的智能制造时代，智能制造服务因而越发受到重视。近年来，随着人工成本的提高及科技的快速发展，产品服务所产生的利润已经远远超过了制造产品本身。

以德国 200 家装备制造企业的统计样本为例,新产品设计、制造、销售环节的利润率不到 4%,而产品培训、备品备件、故障修理、维护、咨询、金融服务等产生的利润率高达 70%,尤其是用于产品维修的备品备件,利润率高达 18%。由此可见,产品非实体部分的价值已经远超产品本身。

通过融合产品和服务,引导客户全程参与产品研发等方式,智能制造服务能够实现制造价值链的价值增值,并对分散的制造资源进行整合,从而提高企业的核心竞争力。

智能制造服务是指面向产品的全生命周期,依托于产品创造高附加值的服务。举例来说,智能物流、产品跟踪追溯、远程服务管理、预测性维护等都是智能制造服务的具体表现。

智能制造服务结合信息技术,能够从根本上改变传统制造业产品研发、制造、运输、销售和售后服务等环节的运营模式。不仅如此,由智能制造服务环节得到的反馈数据,还可以优化制造行业的全部业务和作业流程,实现生产力可持续增长与经济效益稳步提高的目标。

8.3.1 智能制造服务的未来发展

近些年来,人们的生活已经慢慢被智能产品所充斥,如智能手机、智能手表、智能眼镜,以及物联网下的智能家居等。智能制造的巨大浪潮与产业互联网的融合正在酝酿着崭新的商业模式,以期带来用户需求的颠覆与生活方式的变革。在未来,智能制造服务等新型行业必会得到广泛关注与发展。

美国 GE 公司在 2012 年 11 月发布了《工业互联网:打破智慧与机器的边界》的报告,确定了未来装备制造业智能制造服务转型的路线图,将"智能化设备""基于大数据的智能分析"和"人在回路的智能决策"作为工业互联网的关键要素,并将为工业设备提供面向全生命周期的产业链信息管理服务,帮助用户更高效、更节能、更持久地使用这些设备。装备制造业服务系统的设计构架如图 8-7 所示。

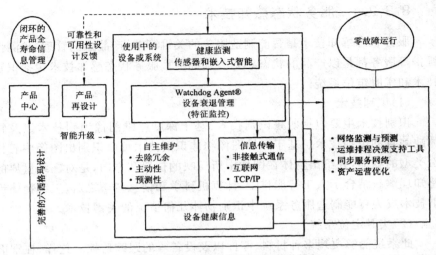

图 8-7　装备制造业服务系统设计构架

　　未来,产品价值将最终会被服务价值所代替,每一个企业都该借助工业互联网的兴起和它日益完善的功能,在优化提升效率获取可观收益之后,创新服务模式,并且不断探索,为服务模式的创新奠定坚实的实践经验和数据基础。

　　对传统制造业企业来说,实现智能制造服务可从三个方向入手:一是依托制造业拓展生产性服务业,并整合原有业务,形成新的业务增长点;二是从销售产品向提供服务及成套解决方案发展;三是创建公共服务平台、企业间协作平台和供应链管理平台等,为制造业专业服务的发展提供支撑。

　　智能制造服务可以包含以下几类:产品个性化定制、全生命周期管理、网络精准营销与在线支持服务;系统集成总承包服务与整体解决方案;面向行业的社会化、专业化服务;具有金融机构形式的相关服务;大型制造设备、生产线等融资租赁服务;数据评估、分析与预测服务。

8.3.2　智能制造服务技术

　　智能制造服务是世界范围内信息化与工业化深度融合的大势所趋,并逐渐成为衡量一个国家和地区科技创新和高端制造业水平的标志。而要实现完整的生产系统智能制造服务,关键是突破智能制造服务的基础共性技术,主要包括服务状态感知技术、网络安全技术和协同服务技术。

8.3.2.1　服务状态感知技术

服务状态感知技术是智能制造服务的关键环节,产品追溯管理、预测性维护等服务都是以产品的状态感知为基础的。服务状态感知技术包括识别技术和实时定位系统。

（1）识别技术

识别技术主要包括射频识别技术、基于深度三维图像识别技术以及物体缺陷自动识别技术。基于三维图像物体识别技术可以识别出图像中有什么类型的物体,并给出物体在图像中所反映的位置和方向,是对三维世界的感知理解。结合了人工智能科学、计算机科学和信息科学之后,三维物体识别技术成为智能制造服务系统中识别物体几何情况的关键技术。

（2）实时定位系统

此系统能够实现多种材料、零件以及设备等的跟踪监控。这样,在智能制造服务系统中就需要建立一个实时定位网络系统,以实现目标在生产全程中的实时位置跟踪。

8.3.2.2　信息安全技术

数字化技术之所以能够推动制造业的发展,很大程度上得益于计算机网络技术的广泛应用,但这也对制造工厂的网络安全构成了威胁,如图 8-8 所示。

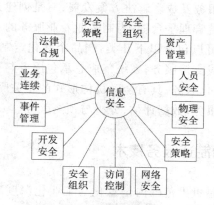

图 8-8　信息安全

在制造企业内部,工人越来越依赖于计算机网络、自动化机器和无处不在的传感器,而技术人员的工作就是把数字数据转换成物理部件和组件。制造过程的数字化技术支撑着产品设计、制造和服务的全过程,必须加以保护。不止如此,在智能制造体系中,制造业企业从顾客需求开始,到接受产品订单、寻求合作生产、采购原材料或零部件、产品协同设计到生产组装,整个流程都通过互联网连接起来,网络安全问题将更加突出。

这其中涉及的智能互联装备、工业控制系统、移动应用服务商、政府机构、零售企业、金融机构等都有可能被网络犯罪分子攻击,从而造成个人隐私泄露、支付信息泄露或者系统瘫痪等问题,带来重大的损失。在这种情形下,互联网应用于制造业等传统行业,在产生更多新机遇的同时,也带来了严重的安全隐患。

想要解决网络安全问题,需要从两个方面入手:

(1)确保服务器的自主可控

服务器作为国家政治、经济、信息安全的核心,其自主化是确保行业信息化应用安全的关键,也是构筑中国信息安全长城不可或缺的基石。只有确保服务器的自主可控,满足金融、电信、能源等对服务器安全性、可扩展性及可靠性有严苛标准行业的数据中心和远程企业环境的应用要求,才能建立安全可靠的信息产业体系。

(2)确保 IT 核心设备安全可靠

目前,我国 IT 核心产品仍严重依赖国外企业,信息化核心技术和设备受制于人。只有实现核心电子器件、高端通用芯片及基础软件产品的国产化,确保核心设备安全可靠,才能不断把 IT 安全保障体系做大做强。

8.3.2.3　协同服务技术

要了解协同服务技术,首先要了解什么是协同制造。

(1)协同制造

所谓协同制造指的是利用网络技术来实现供应链内及跨供应链间的企业产品设计、制造、管理和商务合作的技术。协同制造本质上是整合资源,实现共享、实现资源的合理利用。协同制造打破传统模式,最大限度地缩短了生产周期,能够快速响应客户的需求,提高了设计与生产的柔性。

按协同制造的组织分,协同制造分为企业内的协同制造(又称纵向集成)和企业间的协同制造。

按协同制造的内容分,协同制造又可分为协同设计、协同供应链、协同生产和协同服务。

(2)协同服务

协同服务是协同制造的重要内容之一。协同服务包括设备协作、资源共享、技术转移、成果推广和委托加工等模式的协作交互,通过调动不同企业的人才、技术、设备、信息和成果等优势资源,实现集群内企业的协同创新、技术交流和资源共享。

协同服务最大限度地减少了地域对智能制造服务的影响。通过企业内和企业间的协同服务,顾客、供应商和企业都参与到产品设计中,大大提高了产品的设计水平和可制造性,有利于降低生产经营成本,提高质量和客户满意度。

参考文献

[1]林承全,刘合群,贺剑.机械制造技术[M].2 版.武汉:华中科技大学出版社,2017.

[2]贾振元,王福吉.机械制造技术基础[M].北京:科学出版社,2018.

[3]关云卿.机械制造装备设计与实践[M].北京:机械工业出版社,2015.

[4]李庆宇,孟广耀,岳明君.机械制造装备设计[M].4 版.北京:机械工业出版社,2017.

[5]林家让.机械制造技术[M].北京:电子工业出版社,2013.

[6]王明耀,李海涛.机械制造技术[M].2 版.北京:机械工业出版社,2015.

[7]关慧贞.机械制造装备设计[M].4 版.北京:机械工业出版社,2015.

[8]王正刚.机械制造装备及其设计[M].南京:南京大学出版社,2012.

[9]李耀刚,王利华,邢预恩.机械制造技术基础[M].武汉:华中科技大学出版社,2013.

[10]王先逵.机械制造工艺学[M].3 版.北京:机械工业出版社,2013.

[11]莫持标,张旭宁.机械制造技术[M].武汉:华中科技大学出版社,2016.

[12]芮延年,卫瑞元.机械制造装备设计[M].北京:科学出版社,2017.

[13]王天煜,吕海鸥.机械制造工艺学[M].大连:大连理工大学出版社,2016.

[14]张敏良,王明红,王越.机械制造工艺[M].北京:清华大学出版社,2017.

[15]邵国友,周德康.现代机械制造工艺与新技术发展探究[M].成都:四川大学出版社,2017.

[16]阎青松,翟小兵,朱中仕.机械制造工艺装备设计[M].北京:化学工业出版社,2014.

[17]李欣星,肖铁忠,黄娟.汽车发动机缸体多轴加工专用机床设计

[J].制造技术与机床,2018(10):152-155.

[18]董金梁,高娟,许鹏辉.数控车床常见故障诊断与维护[J].山东工业技术,2018(22):15-16.

[19]卢刚.数控机床切削稳定性分析及实验研究[J].内燃机与配件,2018(20):121-122.

[20]卢葵.切削加工作业中的机器人应用之研究[J].信息记录材料,2018(11):73-75.

[21]陈猛.智能制造系统中机器人工装夹具的设计[J].轻工科技,2018(11):78-79+90.

[22]段鹏琳.智能工业机器人:杭州智能制造的新革命[J].杭州(周刊),2018(36):40-41.

[23]薛婷,苏晓峰,闫起源,等.立体仓库自动仓储控制系统的设计[J].机械制造,2017,55(07):33-36.

[24]栾京东,马琪,郭明儒,等.机器人上下料物流系统在数控机床加工中的设计与应用[J].航天制造技术,2017(04):66-70.

[25]段伟.自动化技术在机械制造中的应用[J].科学技术创新,2017(26):18-19.

[26]徐艳军,余楠.自动化技术在机械制造技术中的研究[J].内燃机与配件,2018(08):236-237.

[27]许敏.智能制造若干关键技术研究[J].科技创新与应用,2018(28):156-157.

[28]朱霖龙,刘雅文,李雨菲.智能制造的发展与应用[J].科技经济导刊,2018,26(28):21+13.

[29]钱乐平,朱宝昌,盖宇春,等.智能制造对物流技术的新需求[J].物流工程与管理,2018,40(10):58-60.

[30]黄学荣.零件制造加工及检测工艺设计[J].煤矿机械,2018,39(08):97-99.

[31]管宏伟.汽车制造业机械加工技术现状及发展探索[J].内燃机与配件,2018(17):140-141.

[32]周汉.智能机械制造和加工模式的创新转变[J].内燃机与配件,2018(19):123-124.

[33]姚玉龙,董少飞,张月,等.智能制造技术的应用[J].汽车实用技术,2018(18):251-253.